中等职业教育数字媒体技术应用专业"十二五"规划系列教材
首批国家中等职业教育改革发展示范学校建设系列成果

影视后期剪辑案例教程
——Premiere 平台

主 编 江媛媛

副主编 刘国纪

编 者（排名不分先后）

冉 琼 李丹阳 刘国纪 江春燕 刘 铁

刘富文 江媛媛 辛小娟 张元良 陶琼瑶

重庆大学出版社

内 容 提 要

本书一共7个模块，分27个案例进行教学，涵盖了使用Premiere CS4进行影视后期剪辑的理论知识和技能。本书每个案例是由若干个活动组成，让读者在轻松愉悦的活动中完成本任务的学习。在案例选择上强调基础理论与实用相结合，讲求实效，与行业对影视后期制作人才的要求相吻合。本书对影视后期制作中的剪辑手法、特效使用、转场效果、音频编辑、字幕制作进行了系统的任务设置。本书配有电子素材进行训练，让读者在短时间内掌握Premiere CS4操作技能。

图书在版编目(CIP)数据

影视后期剪辑案例教程——Premiere平台/江媛媛主编.—重庆：重庆大学出版社，2013.8（2022.8重印）
中等职业教育数字媒体技术应用专业"十二五"规划系列教材
ISBN 978-7-5624-7523-1

Ⅰ.①影… Ⅱ.①江… Ⅲ.①视频编辑软件—中等专业学校—教材 Ⅳ.①TN94

中国版本图书馆CIP数据核字(2013)第141972号

中等职业教育数字媒体技术应用专业"十二五"规划系列教材
首批国家中等职业教育改革发展示范学校建设系列成果
影视后期剪辑案例教程——Premiere平台
主 编 江媛媛
副主编 刘国纪
责任编辑：王海琼 版式设计：王海琼
责任校对：陈 力 责任印制：赵 晟
*
重庆大学出版社出版发行
出版人：饶帮华
社址：重庆市沙坪坝区大学城西路21号
邮编：401331
电话：（023）88617190 88617185（中小学）
传真：（023）88617186 88617166
网址：http://www.cqup.com.cn
邮箱：fxk@cqup.com.cn（营销中心）
全国新华书店经销
重庆升光电力印务有限公司印刷
*
开本：787mm×1092mm 1/16 印张：12.25 字数：306千
2013年8月第1版 2022年8月第5次印刷
印数：6 501—8 500
ISBN 978-7-5624-7523-1 定价：52.00元(含1DVD)

本书是针对中等职业学校计算机类数字媒体专业编写的影视后期制作中非线性编辑软件Premiere的专业教材。Premiere是一款性能优秀的非线性影视编辑软件，具有高效的视频制作全程解决方案。目前这款软件广泛应用于广告制作和电视节目制作中。它能够提供强大的素材剪辑手法、千变万化的过渡效果、丰富多彩的特效，为每个创意提供施展的平台，为制作出高质量的影视节目提供保障。

本书以Adobe Premiere CS4中文版为平台，面对目前市面上的影视后期制作的书籍普遍存在起点高、案例难、相关理论讲解少，中等职业学生学习起来相对困难的情况，针对当前中等职业学校教与学的特点，本教材采用"任务驱动、活动导向、案例教学"的形式编写。本书按知识点将内容分为多个知识模块，在每个知识模块下设置若干学习任务，学习者通过对各个任务的学习来构建知识体系，最终实现对影视后期剪辑制作的掌握。

本书具有以下特点：

应用性强——本书以影视制作流程为主线，把知识模块化，每个模块的内容安排上由浅入深，循序渐进。模块中各个任务不仅涉及软件的功能，还针对实际应用中的各种实际需要，讲解了一些最常用的技巧，让读者在实战中掌握实用的技能。

活动导向——书中每个任务由若干个活动组成，把每个任务的知识点融合在活动中，让读者通过各种形式的活动轻松愉悦的获得知识与技能。

丰富的配套资源——多媒体光盘上为读者提供每个案例的原始素材、最终效果以及教学视频。提供了上百个影视鉴赏素材，让读者领略各类影视作品的魅力，开拓视野。

本书模块一由刘铁与冉琼共同编写、模块二由张元良（重庆哲元文化公园）与李丹阳共同编写、模块三由江媛媛与江春燕共同编写、模块四、模块六由江媛媛编写、模块五由刘富文与陶琼瑶共同编写、模块七由辛小娟（重庆北方影视有限公司）编写、刘国纪负责统稿工作。

在信息时代里，软件的更新日新月异，尽管作者在本书的写作过程中付出很多，但是由于编者水平有限，不足之处在所难免。恳请广大读者提出宝贵的意见和建议，以便我们不断改进和完善。

编　者

2013年6月

CONTENTS **目 录**

模块一　初识Premiere CS4

模块综述

　　Premiere CS4由Adobe公司研发，是一款专业音视频编辑软件，可以在各种软件硬件操作平台下使用，被广泛地应用于影视剪辑、电视栏目包装、广告制作等领域，在业内受到了广大视频编辑专业人员和视频爱好者的好评。通过本模块的学习，应达到以下目标：

- 了解视频相关知识；
- 知道Premiere CS4界面的组成；
- 会使用Premiere CS4的基本操作；
- 知道影视节目制作的基本流程；
- 知道Premiere CS4编辑视频的基本步骤。

任务一　认识视频

任务概述

　　伴随着计算机多媒体技术和网络技术的飞速发展，数字视频和音频设备已经逐步进入了千家万户。为了更好地掌握数字媒体后期制作的剪辑技巧，需要对视频的相关知识有一定的了解。

活动一

　　注视图1-1中心的4个黑点（不看整个图片），持续时间15~30 s后，迅速看四周白色的墙，看的同时快速眨几下眼睛。

　　说说眨眼睛以后你看到了什么？

图1-1

"走马灯"是中国历史记载中最早对视觉暂留的运用：将画着一连串具有连续动作小人的纸，糊在可以旋转的灯罩上，当灯罩快速旋转时就产生了画上的小人在连续做动作的景象。宋代的这种"走马灯"，又称"马骑灯"。随后法国人保罗·罗盖在1828年发明了留影盘。它是一个被绳子在两面穿过的圆盘，盘的一面画了一只鸟，另一面画了一个空笼子；当圆盘旋转时，鸟在笼子里出现了。这证明了当眼睛分别快速看到不同图像时，视觉感受的最后结果是不同图像的叠合。

一、视频概念

当人眼所看到的影像消失后，人眼仍能继续保留其影像1/10 s的图像，这种现象被称为视觉暂留现象，是人眼具有的一种生理特性。

活动二

（1）按提示观看图1-2，说说"视觉暂留"在你看到的现象中起了怎样的作用。
数数下图有几个黑点?

图1-2

（2）在图片浏览器中快速浏览"实作素材/1-1/连续图片"文件夹中图1-3所示的图片文件，观察得到的效果。试着分析视频与图像有什么关系?

图1-3

视频是由一系列单独的静止图像组成的，其单位用帧或者格来表示。一帧即一张图片。每秒钟播放10帧及以上的连续的静止图像，利用人眼的视觉暂留原理，观众眼中就产生了平滑而连续活动的图像。

二、视频分类

1. 根据视频的存储和传输划分

● 模拟信号：是用磁带作为载体对视频画面进行记录、保存和编辑，信号是连续变化的。磁带如图1-4所示。

● 数字信号：相对模拟信号而言，以各种类型的存储卡为载体对视频画面进行记录、保存和编辑，信号是离散的。模拟信号与数字信号如图1-5所示。

图1-4

2. 根据视频格式分类

● FLV：形成的文件极小、加载速度极快，目前网络上的视频绝大部分都是这个格式。

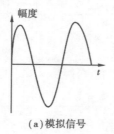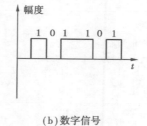

（a）模拟信号　　　　　（b）数字信号

图1-5

● F4V：它和FLV主要的区别在于，它支持高清晰视频。土豆网的高清"黑豆"频道，使用的是F4V格式。

● MPEG：一种常见的视频格式。目前MPEG已颁布了3个正式国际标准，分别称为MPEG-1，MPEG-2和MPEG-4。MPEG-1是主要用于CD、VCD的压缩标准；MPEG-2具有高清晰度画面主要用于DVD的压缩标准和广播电视；MPEG-4适用于交互服务以及远程监控。

● QuickTime：苹果公司提供的系统及代码的压缩包。

● WMV：微软公司制定的视频规格，适合在网络上传输。

● AVI：一种运用广泛的视频格式。主要特点是兼容性好、调用方便、图像质量好，但缺点是文件体积过于庞大。

3. 相关术语

● 像素：构成影像的最小单位，像素越多，画面显示越细腻。

● 分辨率：单位长度中像素的数目。

● 帧：是扫描获得的一幅完整图像，是视频的最小单位，相当于电影胶片上的一格镜头。"帧"在动画创作中又称为"格"。

● 帧率：每秒钟显示的帧数单位为"帧/秒"（FPS或Hz）。

● 场：视频的一个扫描过程，有逐行扫描和隔行扫描两类。

● 逐行扫描：电子束在屏幕上一行接一行地扫描一遍，就得到一幅完整图像，用p表示。

● 隔行扫描：电子束在屏幕上先扫描一幅图像的偶数行，再扫描奇数行，进而合成为一幅完整图像，用i表示。

● 电视制式：是用来实现电视图像信号和伴音信号，或其他信号传输的方法和电视图像的显示格式，以及这种方法和电视图像显示格式所采用的技术标准。制式的区分主要在于其帧频的不同、分解率的不同、信号带宽以及载频的不同、色彩空间的转换关系不同。其涉及的知识点繁多，本任务只对图像播放的帧频进行区分。目前，应用最为广泛的彩色电视制式主要有以下3种类型，如表1-1所示。

表1-1　电视制式

制　　式	部分使用国家	帧率（帧·s^{-1}）
NTSC制 （正交平衡调幅制）	美国、日本、韩国、中国台湾等	29.97（约等于30）
PAL制 （逐行倒相）	中国、新加坡、澳大利亚、新西兰、英国等	25
SECAM制 （顺序传送彩色与存储）	法国、蒙古国等	25

● 标清：指分辨率在720 p以下的一种视频格式。720 p指视频的垂直分辨率为720线逐行扫描。我国采用的标清电视信号为：720×576 i / 50 Hz（每秒50场隔行扫描）。

● 高清：指分辨率在720 p以上，简称HD。我国规定高清数字信号为：1 920×1 080 i / 50 Hz（每秒50场隔行扫描）。

● 流媒体：在数据网络上按时间先后次序传输和播放的连续音/视频数据流。

课后练习 ● ● ● ● ● ● ● ● ● ● ● ● ●

1. 简述视频形成的原理。

2. 视频如何分类？

3. 电视制式分为哪几类？

任务二　认识Premiere CS4

任务概述

本任务将介绍影视剪辑中的线性编辑和非线性编辑的联系和区别。Premiere CS4是一款非线性编辑软件。它是Adobe公司出品的一款专业视频编辑软件，广泛应用于影视剪辑、栏目包装、片头及广告制作等领域。使用Premiere CS4可以将每一帧画面都制作得尽善尽美。认识视频编辑软件Premiere CS4，了解它的各种工作窗口和功能面板，是使用该软件的基础。

活动一

观看视频，看看线性编辑的组成。

一、线性编辑

一般把基于磁带的电子编辑系统称为线性编辑。在磁带中数据是线性存储的。如在磁带电子编辑系统中，编辑完A画面之后，想接着编辑B画面，那么要快进或快退，花费一定时间找到B画面后，接着才能进行编辑。所以把基于磁带的编辑系统称为线性编辑系统。

一个典型的线性编辑系统由一台或两台放像机、一台录像机、两台或两台以上监视器和一个编辑控制器组合而成。分别介绍如下：

● 放像机：用来播放未经剪辑的节目素材带，受录像机或者编辑控制器控制。

● 录放机：能够精确录制经过打点编辑后的视频和音频内容，可以控制放像机或受编辑控制器控制。

● 监视器：分别用来监看、监听放像机和录像机的视音频信号。

● 编辑控制器：它可以同时控制放像机和录像机的编辑过程和编辑模式，在同步信息的引导下，两台机器同时开始，以保证磁带速度平稳后精确地同时到达编辑点。

如果系统中录像机和放像机均带有编辑功能，那么放像机、录像机和两台监视器就可以组成一个简单的线性编辑系统。

二、非线性编辑

在计算机硬盘和光盘中，数据信息都是以数据信号的方式存储的。视音频素材存放在磁盘中，磁头读写磁盘上任意位置的素材所花费的时间只有几毫秒，对于操作者的反应来说完全可以忽略，也就是说时间上为非线性关系，为了与传统线性编辑区别，一般称基于磁盘的计算机编辑为非线性编辑。

在非线性编辑系统中,要想处理以磁带形式存储的素材和提高编辑效率,就必须借助一些非线性编辑卡板的作用。常接触到有:

● 视频采集卡:采集模拟信号的视频采集卡,是进行模拟视频处理时必不可少的硬件设备。其主要功能就是实现视频素材的A/D转换,即捕捉模拟摄像机、放像机、电视机等输入端的模拟视频和音频信号,对该信号进行采集、量化,然后压缩编码成数字视频文件。一般用来处理模拟视音频信号。

● 1394卡:传输数字信号的1394接口卡像USB一样,是数据传输接口,而不是视频捕捉卡。在非线性编辑中,1394卡所起的作用就是把数码相机中的视频内容传输到硬盘里面,以文件的形式保存起来。它一般用来处理标清和高清等数字信号。

● 非线性编辑卡:带有硬件压缩渲染功能、优化特效处理的非线性编辑卡。这类卡具备硬件压缩渲染功能,进行视频的压缩编解码,添加字幕、生成特效等都由硬件完成。

活动二

根据图1-6、图1-7两幅流程图分析线性编辑与非线性编辑的区别。

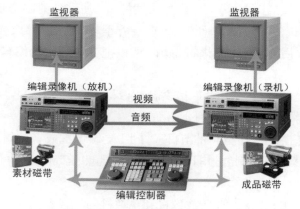

图1-6　线性编辑系统

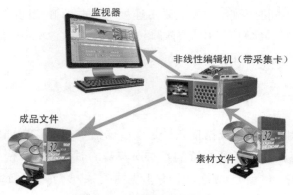

图1-7　非线性编辑系统

线性编辑时必须按顺序寻找所需要的视频画面,不可随意修改。当需要插入新的素材或者改变某个素材的长度等操作时,修改节点后面的整个内容就需要重新来做,反复、随意地编辑会影响画面的质量。

非线性编辑可随时随地、反复地对数字信号进行编辑处理而不影响质量。

三、认识Adobe Premiere CS4

非线性编辑系统功能集成度高,设备小型化。目前市面上已有较多的非线性编辑软件。这里我们将开始对Adobe Premiere CS4进行学习。

1. 启动Adobe Premiere CS4

安装完Adobe Premiere CS4后,通过"开始→程序→Adobe Premiere CS4"启动Adobe Premiere CS4,界面如图1-8所示。

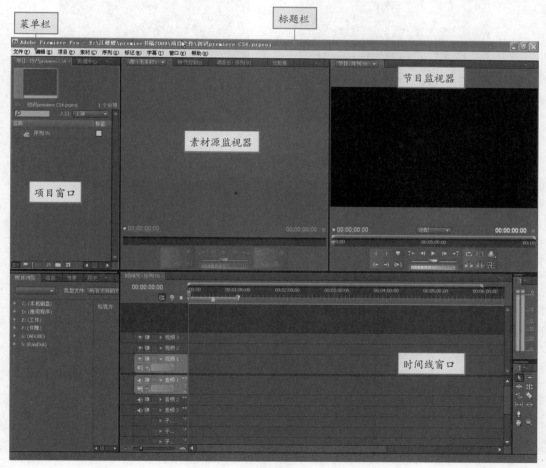

图1-8

2. 界面

Adobe Premiere CS4工作界面看起来会让初学者觉得比较复杂，其实布局很有规律。

（1）"项目窗口"界面如图1-9、图1-10所示。项目窗口用来显示各类素材的信息，并对素材进行管理。

图1-9   图1-10

（2）"素材源监视器"界面如图1-11、图1-12所示。

图1-11

图1-12

　　"素材源监视器"是用来监看素材效果，在"素材源监视器"中查看素材的方法如下：

　　①在"项目"窗口双击想要监视的素材，既可将其在"素材源监视器"中打开。

　　②在"项目"窗口中，在想要监视的素材上单击鼠标右键，在弹出的快捷菜单中选择"在素材原监视器打开"命令，也可以在"素材源监视器"中打开。

　　（3）"节目监视器"界面如图1-13所示。

　　"节目监视器"与"在素材原监视器"相呼应的，在"在素材原监视器"监看原素材效果，在"节目监视器"中监看节目成品效果，从而与节目成品进行对比分析的，方便制作人员进行创作。

　　在"节目监视器"中查看素材的方法如下：将"项目"窗口的素材拖动到时间线上，"节目监视器"会出现当前素材的画面。

　　（4）"时间线"界面如图1-14所示。

　　对素材的处理、整合、添加特效等一些重要的操作都是在"时间线"窗口中进行的。

　　（5）"特效控制台"界面如图1-15所示。

图1-13

图1-14

图1-15

"特效控制台"主要对素材添加的各种特效参数进行设置,如"运动""透明度""音量"等。在"时间线"窗口选中要进行控制的素材后,就会在"特效控制台"出现相关信息。

（6）"历史"与"信息"面板界面如图1-16所示。

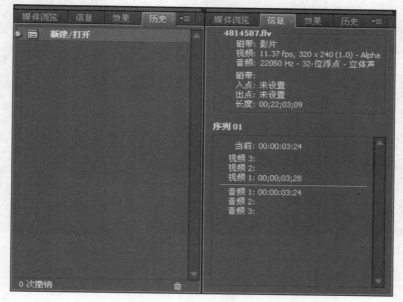

图1-16

（7）"调音台"界面如图1-17所示。

图1-17

（8）"元数据"界面如图1-18所示。

（9）"工具栏和主音频计量器"界面如图1-19所示。

图1-18

图1-19

课后练习 • • • • • • • • • • • • • • •

熟悉Adobe Premiere CS4界面，新建项目并熟悉每一个窗口。

任务三　认识影视节目制作的基本流程

任务概述

影视节目的制作可以分为：前期拍摄和后期制作两个方面。前期拍摄就是用各种专业的摄像机配合摇臂、轨道、灯光等辅助设备，根据脚本拍摄出精美画面；后期制作就是用3D MAX、AE等软件制作特技与动画效果，再用Premiere等软件进行剪辑、配音、配乐、加上字幕、转场和特效，从而使影片达到剧本编写中预期的效果。

活动一

观看本任务最终效果（如图1-20、图1-21所示），讨论本任务操作要点。

图1-20

图1-21

活动二　根据操作步骤完成本任务案例

1. 新建项目文件，进行参数设置

①启动Adobe Premiere CS4软件，弹出如图1-22所示对话框。

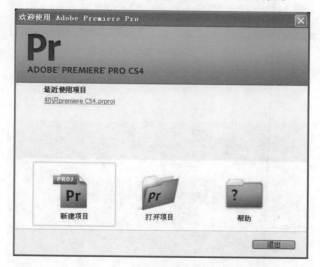
图1-22

②在打开的窗口中会看到"最近项目"下面有上次操作过后项目文件名称，单击这个名称就会进入这个项目的编辑窗口。这里需要新建文件，则单击"新建项目"按钮，弹出"新建项目"对话框，如图1-23所示。

③在"新建项目"对话框中进行以下设置：

在"常规"选项卡中设置项目文件的保存位置和文件名。在"暂存盘"选项卡中进行如图1-24所示的设置。单击"确定"按钮。

④在弹出的"新建序列"对话框中进行设置。

在"序列预置"选项卡中选择DV-PAL下的标准48 kHz，如图1-25所示。

图1-23

图1-24

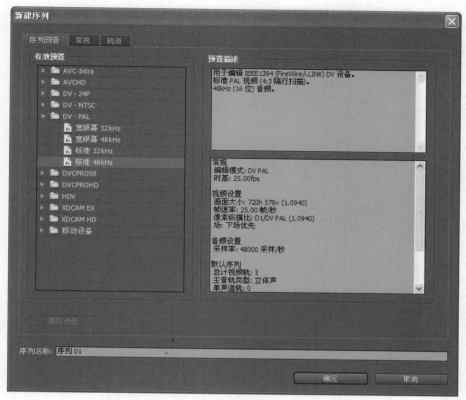

图1-25

友情提示 . . . .

　　"新建序列"这个步骤可以"取消"，不会影响新建的项目文件，但是当完成项目文件的设置后，在操作界面就会发现，没有新建序列的项目文件是没有时间线的，如图1-26所示。

图1-26

⑤单击"常规"选项卡，如图1-27所示。

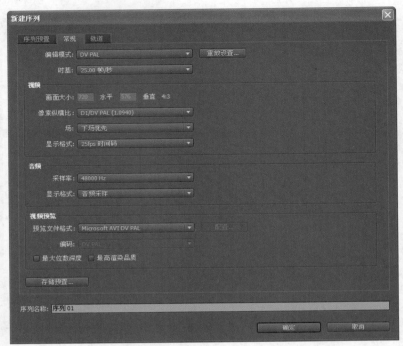

图1-27

⑥打开"轨道"选项卡，对轨道进行相关设置，如图1-28所示。

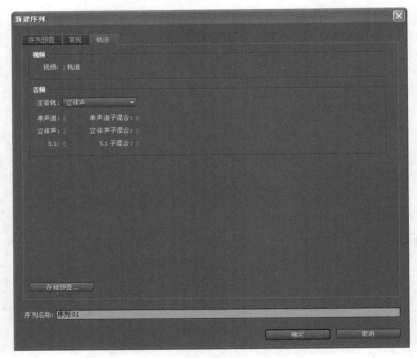

图1-28

2. 剪辑素材

对导入的素材进行剪辑、配音、配乐、加字幕、转场和特效，这是一个复杂的过程，一般的影视节目制作中会耗费很多时间，这里只对流程作简单的介绍。

①单击"文件→导入"命令，在弹出的对话框中选择需要导入的文件，如图1-29所示，单击"打开"按钮。"项目窗口"导入文件后如图1-29所示。

图1-29

知识窗 · · · · · · · · · · · · · · ·

> 导入素材还有以下3种方法：
> ● 双击"项目窗口"空白处。
> ● 右击"项目窗口"空白处，选择快捷菜单中的"导入"命令。
> ● 使用快捷键"Ctrl+I"。
> 一次导入多个素材
> 导入素材时，在弹出的对话框中，按住"Ctrl"键可以选择多个的素材。

②根据顺序依次选择"实作素材/1-3/素材"文件夹中素材"花开01.avi""花开02.avi""花开03.avi""花开04.avi"4个视频文件，拖动至时间线中的视频1轨道中。将"01.wav"拖动到音频1轨道中，如图1-30所示。

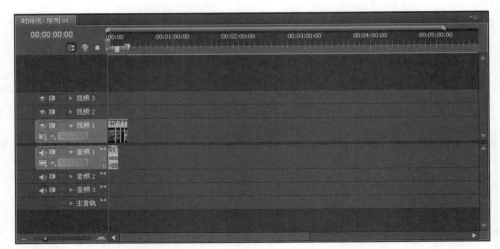

图1-30

③修改时间线窗口素材显示比例。

从图1-30可以看出在时间线上素材看起来很短，不利于后面的操作，这里需要放大素材在时间线上的显示比例。在时间线窗口的上方有一个滑动条，拖动它的长度可以改变时间线上素材的显示比例，像放大镜一样来放大或缩小素材的长短，如图1-31所示。这个操作不会更改素材在时间线上持续的时间，只是更改了其显示的比例。

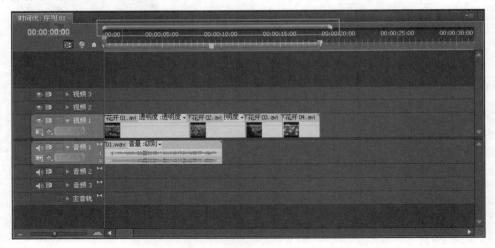

图1-31

④设置素材显示方式为"显示头和尾"。

修改素材显示方式的方法：在时间线窗口有"设置显示方式"按钮■，单击按钮有如下几个选项，相应的显示方式也如图1-32—图1-35所示。

● 显示头和尾，如图1-32所示。
● 仅显示开头，如图1-33所示。
● 显示每帧，如图1-34所示。

图1-32

图1-33

图1-34

● 仅显示名称，如图1-35所示。

图1-35

⑤修改视频尺寸为"画面大小与当前画幅比例适配"。

从"节目监视器"中可以看到时间线上这些视频素材尺寸较小，不能满屏显示，如图1-36所示，需要将其放大显示。

图1-36

方法：在时间线中"花开01.avi"上单击鼠标右键，在弹出的菜单中选择"画面大小与当前画幅比例适配"命令，将图像满屏显示。如图1-37和图1-38所示。

图1-37

图1-38

⑥修改"花开01.avi"的画面显示尺寸后，对其他3段视频也做同样的修改，使其满屏显示。

⑦4个视频的时间和音频"01.wav"在时间线上的长短不一致，如图1-39所示。

图1-39

⑧使音乐和视频有同样的长度，把视频变短。

在时间线中选中"花开02. avi""花开03. avi""花开04. avi"3段视频，将其一同向前移动，覆盖掉"花开01. avi"后面的部分视频，使视频的总长度和音频长度一致，如图1-40和图1-41所示。

图1-40

图1-41

⑨拖动图片素材"1-3片头字幕"到时间线窗口，视频2轨道，如图1-42所示。

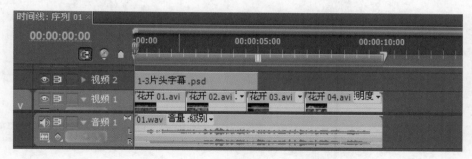

图1-42

⑩在"节目监视器"窗口中可以看到为当前视频添加了字幕，按空格键或Enter键预览，如图1-43所示。

⑪字幕显示的时间太长，修改字幕的显示时间与"花开01. avi"这个视频持续时间一致，当把鼠标放在"1-3片头字幕"的末尾时，鼠标会改变形状，如图1-44所示。

⑫按住鼠标左键不放，向前移动鼠标的位置，当鼠标与"花开01. avi"这个视频的时间长度一致时会出现一个黑色的竖线，从而改变"1-3片头字幕"的长度，如图1-45和图1-46所示。

⑬按空格键或Enter键预览最终结果，一个简单的作品完成了。

图1-43

图1-44

图1-45

图1-46

3.输出成品,制作成VCD或者DVD光盘

①选择菜单命令"文件→导出→媒体"命令,设置输出文件名称,单击"保存"按钮,就可以输出编辑好的视频文件了,如图1-47所示。

图1-47

②打开对话框后可以看到本案例相关参数的设置,如图1-48所示。

图1-48

③单击"确定"按钮，自动打开Adobe Media Encoder软件，如图1-49所示。

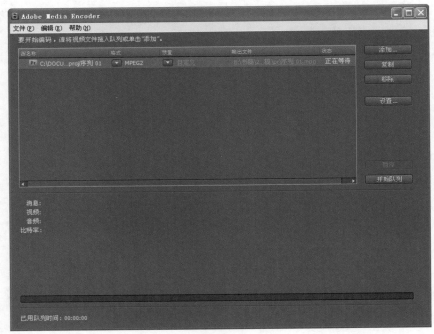

图1-49

④在"格式"选项下可以选择很多输出的格式，这里选择MPEG-2，如图1-50所示。

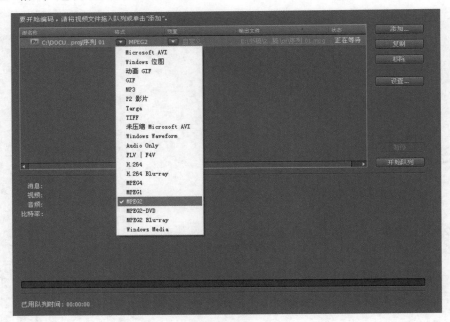

图1-50

⑤单击"输出文件"选项，可以为输出的文件更改名字，并选择保存位置，如图1-51所示。

图1-51

⑥设置好后，单击开始队列命令，开始渲染作品，如图1-52所示。

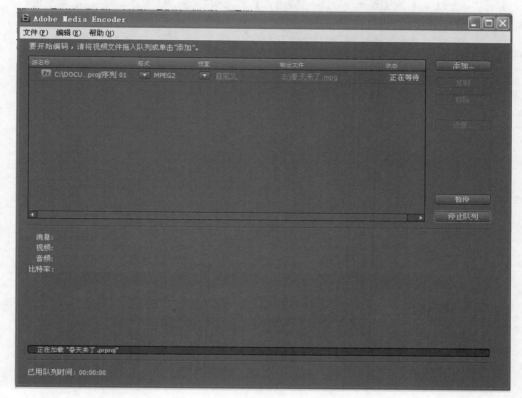

图1-52

⑦渲染完成后，效果如图1-53所示。

4. 刻录光盘制作DVD

要录制DVD光盘需要计算机配置有DVD刻录光驱、DVD空白光盘和刻录软件。下面介绍采用Nero刻录软件刻录DVD光盘的步骤。

①启动Nero软件，如图1-54所示。

②单击"数据刻录"按钮，进入数据刻录界面，如图1-55所示。

③单击"添加"按钮，添加需要刻录的视频"春天来了.mpg"，如图1-56所示。

④添加好视频后，在DVD刻录光驱中放入DVD光盘，单击"刻录"按钮，开始刻录，如图1-57所示。

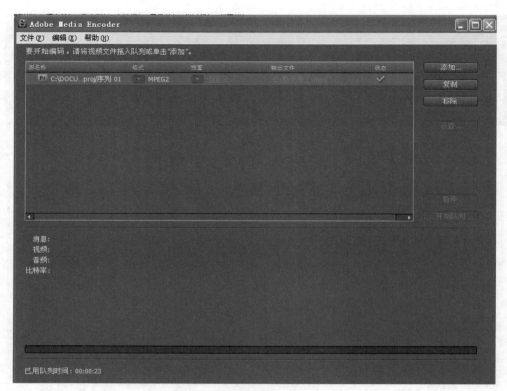

图1-53

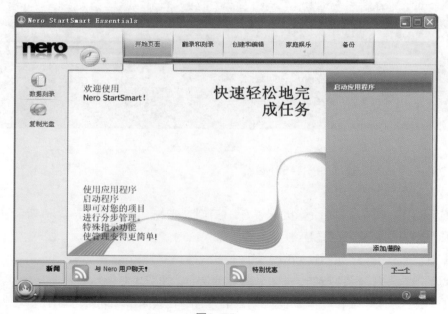

图1-54

图1-55

图1-56

图1-57

⑤当刻录光驱中的光盘自动弹出，表明DVD光盘制作好了。

课后练习 · · · · · · · · · · · ·

1. 从计算机里导入几种不同格式（如Windows Media、JPEG等）的素材，通过Adobe Premiere CS4界面重复以上介绍到的几种操作。

2. 根据提供的素材制作"春天来了"的案例。

3. 把全班制作好的成品刻录成DVD光盘。

模块二 管理与编辑素材

模块综述

在制作影视作品的过程中会用到大量的素材，需要对素材进行管理。通过编辑把大量的素材缩减、拼合，以构成长度适合的影视作品。本模块介绍如何把原始素材，通过剪辑变成较精细的影视作品。通过本模块的学习，应达到以下目标：

- 会采集素材；
- 会简单地剪辑素材；
- 会制作简单的字幕；
- 会进行声画对位；
- 会嵌套时间线；
- 会制作关键帧动画。

任务一　获取素材

任务概述

在影视节目制作中素材的使用是很重要的。前期拍摄的各种素材，准备的各种音乐、音效、录音等都需要导入到Premiere中进行有效的整合、处理。所以在Premiere中，导入素材、管理素材是特别重要的。本任务将系统地介绍如何采集素材、导入素材以及管理素材。

活动一

观察下面的数字DV设备，说说两者都区别，如图2-1、图2-2所示。

图2-1　磁带式DV

图2-2　磁盘式DV

知识窗 ……………………

　　现在市面上的数字DV设备很多，但是归根结底有两大类，一类是利用磁带进行拍摄，另一类是利用磁盘进行拍摄。

　　如果是利用磁盘进行拍摄，直接用摄像机自带的数据线可以把拍摄的视频素材导出到计算机硬盘上。

　　如果是利用磁带进行拍摄，直接用摄像机是无法把拍摄的视频素材导出到计算机硬盘上的。这里需要借助其他的设备和软件。目前普通家用计算机是使用1394卡与DV机连接，使用 Adobe Premiere来进行采集。其传输原理及基本操作与一些专业的硬件采集设备相似。如图2-3、图2-4所示。

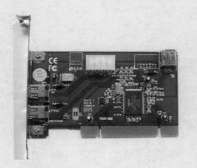

图2-3　采集卡

图2-4　数据线

活动二

下面就以采集卡连接计算机和DV机的方式为例，介绍采集操作过程。

1. 手动采集素材

（1）新建项目文件。

（2）按F5键或者选择"文件→采集"命令，打开"采集"窗口，如图2-5所示。

（3）将采集设备（DV机）通过采集数据线连接到计算机的1394卡上，检查是否工作正常。

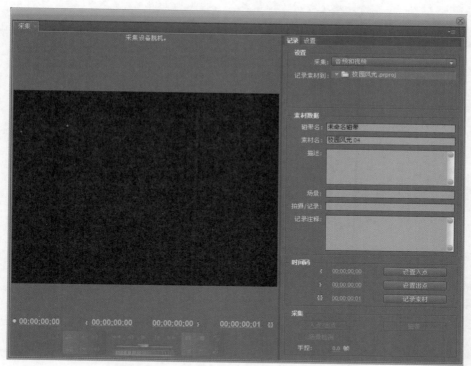

图2-5

（4）使DV机处于播放状态，采集窗口下方的录放控制按钮就处于启用状态，同时可以在窗口中监视画面，如图2-6所示。如果控制按钮为灰色不可用，同时在窗口中无监视画面，需要检查相关设备是否正常工作，如图2-7所示。

图2-6

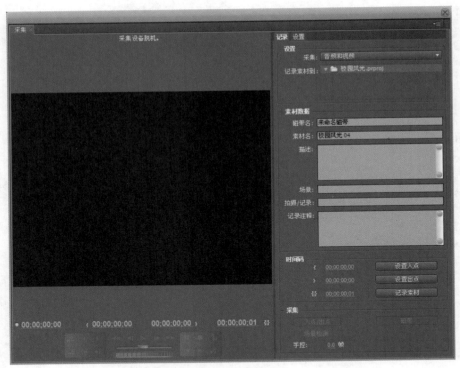

图2-7

（5）采集预先设置。可以选择对素材进行视频采集、音频采集或视音频同时采集，在"记录"面板中的"采集"项后分别有"音频和视频""音频"和"视频"3个选项，选择需要的方式，如图2-8所示。

图2-8

（6）在"采集位置"选项区内，将视频和音频的存放类型选择为与项目一致，这样采集完成后，在项目文件中就可以发现采集的素材片段，如图2-9所示。

图2-9

（7）单击"选项"按钮，在弹出的对话框中对要求采集的素材的制式进行调节，如图2-10、图2-11所示。

图2-10

图2-11

（8）设置完参数以后，单击播放按钮播放当前DV中的画面，如图2-12所示。

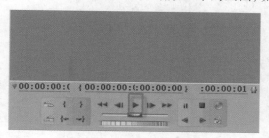

图2-12

（9）在播放过程中找到需要采集的位置，单击"设定入点"按钮，如图2-13所示。

图2-13

图2-14

（10）在单击"设定入点"按钮后，DV中的画面会继续播放，直到设置了采集这段素材的出点后，单击"采集"选项区中的"入点/出点"按钮，这段采集就会自动输出到项目窗口中，如图2-14、图2-15所示。

图2-15

2. 批量采集素材

在平常工作中，每次制作作品可能需要采集很多素材，如果每次只采集一个素材，那么需要采集很多次，很浪费时间和资源。在Premiere中可以一次采集很多素材，批量采集可以按照以下步骤操作。

（1）建立批量采集列表。在"采集"窗口中可以预先播放和查看素材，在播放素材时在需要开始采集处单击"设置入点"按钮打上入点，继续播放至这段内容结束处单击"设置出点"按钮打上出点，然后单击"记录素材"按钮打开"记录素材"对话框，在其中设置文件名称，单击"确定"按钮就完成了列表中一条采集记录。可以用同样的操作建立多条采集记录，即建立了批量采集列表，如图2-16、图2-17所示。

图2-16

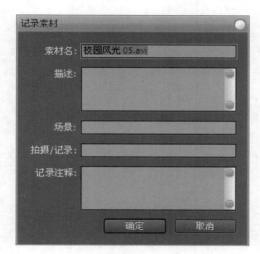

图2-17

（2）在"项目"窗口中可以看到所设置的批量采集列表内容，这些文件为脱机文件，在项目窗口中并不能应用，如图2-18所示。

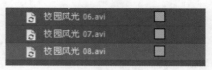

图2-18

（3）完成批量采集列表的记录之后，并在"项目"窗口选中这些记录，选择"文件→批量采集"命令，打开"批量采集"对话框，单击"确定"按钮，弹出"插入磁带"对话框，再单击"确定"按钮，就可以进行批量采集了。可以看到录放设备将根据列表中的时间码自动查找每一段的入点和出点进行采集，直到将列表记录的所有片段全部采集完成，如图2-19、图2-20所示。

图2-19

图2-20

图2-21

（4）在项目窗口中可以看到这些采集过的素材，原来的脱机工作都转变成了联机文件，这个时候就是可以直接使用的素材，如图2-21所示。

活动三

观看如图2-22所示的各种素材，讨论分别代表什么类型的素材。

图2-22

知识窗 · · · · · · · · · · · ·

图标代表素材为图片；

图标代表素材只有视频；

图标代表素材只有声音；

图标代表素材有声音有视频；

图标代表素材为脱机文件；脱机文件指原先导入PR中的素材的位置有所改变或者被删除了，需要重新链接或者替换才可以正常使用的素材。

重新链接脱机文件的方法：在项目窗口中选中脱机文件，点击鼠标右键，在弹出的快捷菜单中选择"链接媒体"或者"替换媒体"，如图2-23所示。

图2-23

活动四

在视频制作中，如何管理导入的大量素材？

在进行一个影视节目制作时，需要导入大量的素材到项目窗口中，为了方便管理这些素材，可以在项目窗口中建立文件夹对素材进行归纳和分类。

活动五

介绍如何管理素材，并根据操作步骤整理素材。

（1）在项目窗口中，单击文件夹图标按钮，如图2-24所示。

也可以在项目窗口的空白处单击鼠标右键，在弹出的快捷菜单中选择"新建文件夹"命令，如图2-25、图2-26所示。

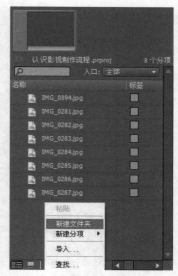

图2-24　　　　　　　　　　　图2-25

知识窗

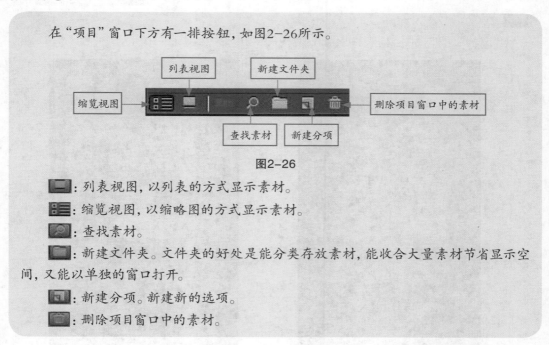

在"项目"窗口下方有一排按钮，如图2-26所示。

图2-26

：列表视图，以列表的方式显示素材。

：缩览视图，以缩略图的方式显示素材。

：查找素材。

：新建文件夹。文件夹的好处是能分类存放素材，能收合大量素材节省显示空间，又能以单独的窗口打开。

：新建分项。新建新的选项。

：删除项目窗口中的素材。

（2）在建立了文件夹后，更改文件夹名称，将需要分类的素材拖动到相应的文件夹中，展开文件夹就可以看到这个文件夹里面的所有素材文件。如图2-27、图2-28、图2-29所示。

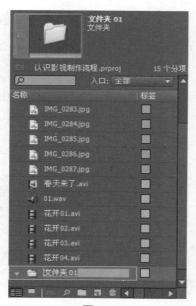

图2-27   图2-28

（3）项目窗口下方有两个不同的视图类型：一个是列表视图 ![icon]，一个是缩略图视图 ![icon]。

（4）观察两种视图：列表视图和缩略视图，如图2-29、图2-30所示。

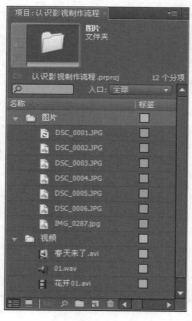

图2-29   图2-30

列表视图是默认视图类型，但在实际操作中，我们希望能更快速、更直观地观察素材，就需要用到缩略视图的显示方式。

（5）双击打开缩略视图下的"图片"文件夹，浏览"图片"文件夹中的素材，如图2-31所示。

图2-31

（6）单击项目窗口右上角的三角形按钮，在弹出的快捷菜单中选择"缩略图→中"，如图2-32所示。

（7）回到列表视图的显示方式，拖动项目窗口让它独立出来，然后调整项目窗口的大小，如图2-33所示。这样可以观察到素材的一些相应参数，也可以单击上面的参数标题进行不同方式的排列，如图2-34所示。

（8）在以列表视图显示的时候，同样可以看到素材的缩略图形式。单击项目窗口右上角的三角形按钮，选择"缩略图→关"，去掉"关"命令的勾，如图2-35、图2-36所示。

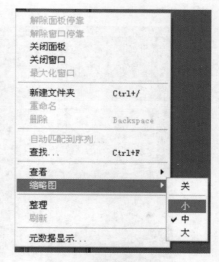

图2-32

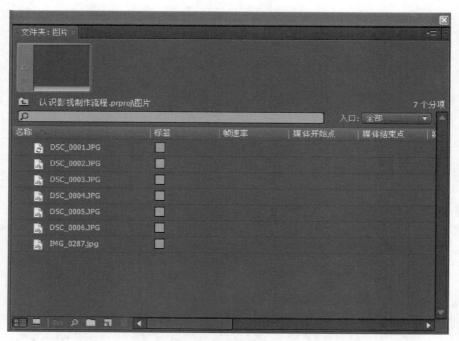

图2-33

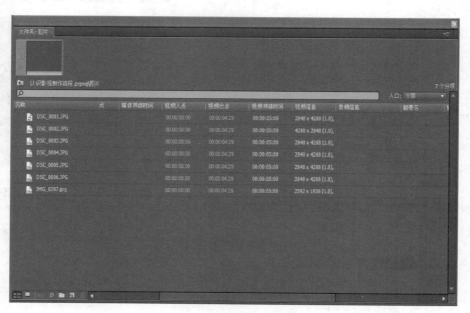

图2-34

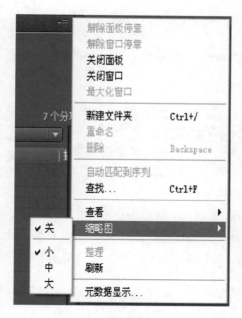

图2-35 图2-36

知识窗

Adobe Premiere CS4支持绝大部分视频和图像的媒体类型，如：FLV、F4V、MGEG、MPG2、WMV、AVI、BWF、AIFF、JPEG、PNG、PSD、TIFF、MP3等类型的文件。

如果导入的素材出现如图2-37所示的情况，表明该素材是当前Premiere CS4不支持的文件格式。

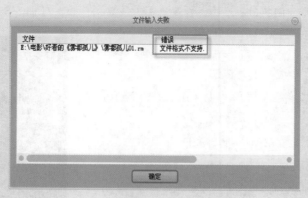

图2-37

现在市面上有很多格式转换软件，不论是音频、视频或者图片都可以通过这些软件转换成Premiere CS4所支持的格式。如：格式工厂等。

根据素材光盘中"实作素材/2-1/素材"文件夹中提供的素材,练习各种素材的导入和素材的管理。

任务二　认识关键帧

任务概述

关键帧在影视节目制作的后期编辑中经常用到。本任务学习简单的关键帧动画,学习音频素材的初步剪辑,学习常用的剪辑工具,学习利用字幕工具添加简单字幕,制作成一个简单的、有背景音乐的视频欣赏片段,如图2-38、图2-39所示,从而初步了解剪辑制作过程。

活动一

观看本任务最终效果,讨论本任务的操作要点。

图2-38

图2-39

活动二

根据操作步骤完成本任务案例

（1）新建项目文件,设置好参数（选择DV-PAL中的Standard 48 Hz）。

（2）导入"实作素材/2-2/素材"文件夹中的素材,"太阳. avi""花儿. avi""小鸟. avi""书包. avi"和"上学歌. wav"音频文件,如图2-40所示。

（3）监听音频"上学歌",演唱的内容有4句,第1句为"太阳当空照",第2句为"花儿对我笑",第3句为"小鸟说早早",第4句为"你为什么背上小书包"。

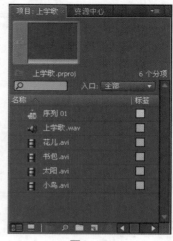

图2-40

知识窗·············

单击音频轨道Audio1左侧的三角形图标可以展开或收合音频波纹图示，从轨道Audio1的音频波纹图示中大致可以看出有4句唱词，即有人声的时间处，波形会更高、更密，如图2-41所示。

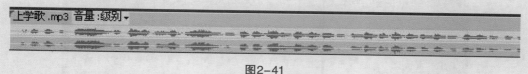

图2-41

将鼠标放置到左侧Audio1与Audio2交界的位置，可以将Audio1的下部向下拖曳，使轨道的高度加高，这样显示音频的波纹图示会更加清晰，如图2-42所示。

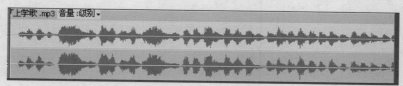

图2-42

（4）按右侧小键盘上的"*"键，在时间线的标尺线上添加标记。在第2、第3 和第4句刚开始的位置上依次按下小键盘上的"*"键，这样在时间线的标尺线上添加3个标记，如图2-43所示。

图2-43

（5）在时间线标尺上添加了标记点之后，对于需要添加什么样的画面，这些画面添加到什么地方，时间各需要多长的问题就非常清晰了。接着给被标记点分开的4部分添加对应的画面，先从项目窗口中找到"太阳"的素材，将其拖至轨道Video 1 上，放到第一部分的位置，如图2-44所示。

图2-44

（6）把当前视频素材的长度根据音频的长短进行剪辑。利用工具栏的"剃刀"工具。选中"剃刀"工具在需要剪切的位置，单击鼠标。一段完整的视频就被切成两段，如图2-45所示。

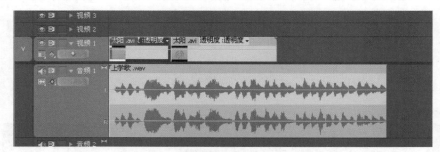

图2-45

（7）选中不需要的视频，单击"Delete"键，删除不需要的部分，如图2-46所示。

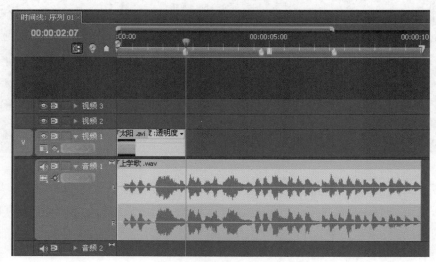

图2-46

（8）从项目窗口找到"花儿""小草""书包"的素材，分别将其拖至轨道Video 1上相应的位置，并进行长短修改，使其适应音频长度，如图2-47所示。

图2-47

知识窗 . . . .

在时间线右侧的"工具"面板中有很多常用的工具，具体如下：

"吸附"工具 ：当吸附工具处于按下状态的时候，调整素材位置时，素材会自动吸附到编辑标识线上或与最近素材文件的边缘对齐。

"轨道选择"工具 ：用于选择轨道上的某个素材及位于此素材后的其他素材。按住"Shift"键时光标变成双箭头，则可以选择轨道上的某位置及此位置以后的素材（音频和视频轨道一起选中）。

"滚动编辑"工具 ：使用此工具调整素材的持续时间，可使整个影视节目的持续时间不变。当一个素材的时间长度变长或变短时，其相邻素材的时间长度也会相应地变短或变长（长短是相反的，当这个素材变长相邻素材就会变短。改变和增加的素材长度都是原素材本身长度）。

"速率伸缩"工具 ：使用此工具在改变素材的持续时间时，素材的速度也会相应的改变，可用于制作快慢镜头（即时间长短改变了，但是会保持整个素材的完整性，只是改变了播放速度）。

"错落"工具 ：改变一个素材的入点与出点，并保持其长度不变，且不会影响相邻的素材。

"滑动"工具 ：使用滑到工具拖动素材时，素材的入点、出点及持续时间都不会改变，相反其相邻素材的长度却会改变。

"钢笔"工具 ：此工具用于框选，调节素材上的关键帧，按住"Shift"键时可同时选择多个关键帧，按住"Shift"键也可添加关键帧。

"手形把握"工具 ：对一些较长的影视素材进行编辑时，可使用手形把握工具拖动轨道，显示出原来看不到的部分。其作用与"时间线"窗口下方的滚动条相同，但在调整时要比滚动条更加容易、准确。

"缩放"工具 ：使用此工具可将轨道上的素材放大显示，按住"Ctrl"键可缩小素材。

（9）添加字幕效果，制作视频淡入淡出的关键帧动画效果。新建字幕文件，选择"文件→新建→字幕"命令，如图2-48所示。

图2-48

图2-49

（10）在弹出对话框中，设置字幕名称，如图2-49所示。

（11）调出字幕窗口，如图2-50所示。

（12）选择"文字"工具，在字幕窗口的中央输入字幕"太阳当空照"，如图2-51所示。

（13）设置文字格式，选择字体、大小和颜色等参数，如图2-52、图2-53所示。

（14）设置好字体的格式后，利用"选择"工具，移动字幕到窗口的下方，如图2-54所示。

图2-50

图2-51

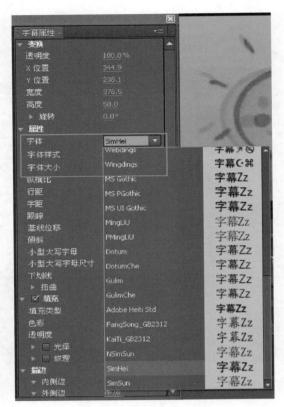

图2-52

图2-53

图2-54

（15）关闭字幕窗口后，在项目面板中可以看到新建的字幕文件，如图2-55所示。

（16）拖动字幕窗口到时间线窗口，如图2-56所示。

（17）利用常用工具进行编辑，使得素材长度与视频长度相同，如图2-57所示。

（18）利用"视频效果"面板中的关键帧给字幕添加淡入淡出的效果，展开"透明度"选项，如图2-58所示。选中"太阳当空照"这段视频后进行操作。

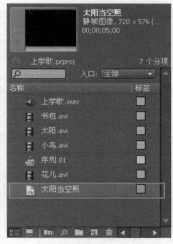

图2-55

图2-56

图2-57

图2-58

（19）在透明度前方有个"切换动画"按钮█，移动时间线到字幕末尾00：01：12位置，单击该按钮可以设置关键帧，如图2-59所示。

图2-59

（20）移动时间线到第一段素材末尾，单击按钮可以设置关键帧，调整透明度为0，如图2-60所示。

图2-60

（21）根据同样的方法建立第二段字幕，给第二段字幕开始也添加淡入淡出效果，如图2-61—图2-63所示。

图2-61

图2-62

（22）后面两段字幕可以通过同样的方法得到。

（23）预览最终效果，输出影片。

图2-63

课后练习 . . . .

根据光盘中提供的素材制作"上学歌"案例。

任务三　展示汽车

任务概述

Adobe Premiere CS4中可以在一个项目文件中建立多个时间线,而且还可以将一个或多个时间线像素材一样放置到另外不同的时间线中,即一个或多个时间线可以嵌套在另一个时间线中,而且根据需要可以进行多层嵌套。本任务将在一个项目文件中建立3个时间线,并在其中的一个时间线中嵌套另外两个时间线,用这样的方法来方便地编辑制作所要的效果。

活动一

观看本任务最终效果(如图2-64、图2-65所示),请讨论本任务的操作要点。

图2-64

图2-65

活动二

根据操作步骤完成本任务案例。

（1）新建项目文件，设置好参数（选择DV-PAL中的Standard 48 Hz）。

（2）在"项目"窗口中先建立两个"文件夹"，分别命名为"10帧图片"和"1秒图片"。

（3）选择"编辑→参数→常规"命令，打开"参数"菜单，将"静帧图像默认持续时间"修改为10帧，即默认导入静态图片的长度为10帧，单击"确定"按钮，如图2-66、图2-67所示。

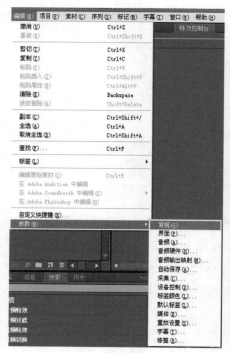

图2-66

图2-67

（4）选择"文件→导入"命令，弹出的"导入"对话框，从"实作素材/2-3/素材"文件夹中选择汽车素材"车1.bmp"至"车15.bmp"共15个图片文件，单击"打开"按钮，将这些素材文件导入到"10帧图片"文件夹中，如图2-68所示。

（5）用同样的方法，将"静帧图像默认持续时间"修改为25帧，即默认导入静态图片的长度为1 s。

（6）把汽车素材"车16. bmp"至"车21. bmp"共6个图片文件，导入到"1秒图片"文件夹中，如图2-69所示。

（7）每次新建立一个项目文件，都会自动建立一个时间线"序列01"。从项目窗口中选择"10帧图片"文件夹，将其拖至时间线"序列 01"中，即将15个时长为10帧的图片放置到时间线中，如图2-70所示。

图2-68

图2-69

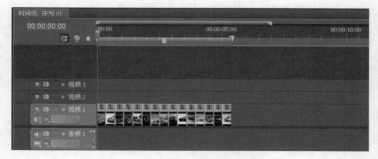

图2-70

（8）单击项目窗口下方的"新建分项"按钮 ，在弹出的快捷菜单中选择"序列"命令，打开"新建序列"对话框，"序列名称"使用默认的名称"序列 02"即可，单击"确定"按钮，新建时间线"序列02"，如图2-71所示。

图2-71

（9）从项目窗口中选择"1秒图片"文件夹，将其拖至时间线"序列02"中，即将6个时长为1 s的图片放置到时间线中，如图2-72所示。

图2-72

（10）利用同样的方法建立"序列03"，如图2-73所示。

图2-73

（11）从项目窗口中选择"序列01"，将其拖至时间线"序列03"中的"视频1"轨道中，可以看到在"音频1"轨道中有其附带的音频，如图2-74所示。

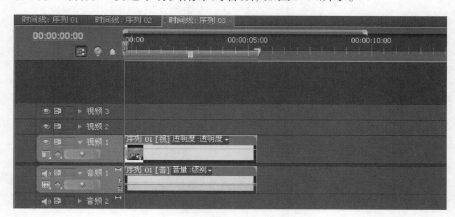

图2-74

想一想 · · · · · · · · · · · · ·

怎么把音频去掉呢？

友情提示 · · · · · · · · · · · · ·

可以在时间线中先选中"序列03"，选中当前素材后，选择"素材→解除视音频连接"命令，将视频和音频分离，然后单独选中音频部分，按"Delete"键将其删除，如图2-75所示。

图2-75

（12）选择"序列01"拖动到"序列03"的"视频3"轨道中，如图2-76所示。

图2-76

（13）同样从项目窗口中选择"序列02"，将其拖至时间线"序列03"中的"视频3"轨道上方的空白处，自动添加一个"视频4"轨道放置"序列02"，可以看到在"视频4"轨道有其附带的音频。用上面介绍的方法去掉音频，如图2-77所示。

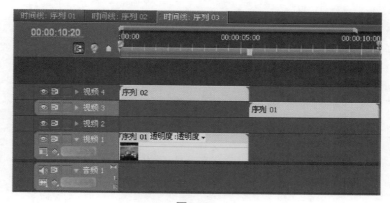

图2-77

在多个时间进行嵌套操作时，时间线不可以嵌套其本身，例如"序列03"可以嵌套"序列02"，"序列02"嵌套"序列01"，那么"序列01"就不能再嵌套序列02或序列03了。

（14）分别对这4个视频轨道画面的尺寸和位置进行修改，使其能在屏幕中同时显示，各参数的具体设置由自己决定，如图2-78所示。

图2-78

（15）播放最终效果，输出作品。

（16）操作步骤详见配套光盘中的操作视频。

课后练习 ●●●●●●●●●●●●●●●

1. 向Adobe Premiere CS4中导入10张长度为5帧的图片（图片素材来自光盘）。

2. 根据光盘中提供的素材制作"汽车展示"视频小品。

模块三 影视创作基础知识

模块综述

通过模块一和模块二的学习，我们基本掌握了视频的基本知识、Adobe Premiere CS4的操作流程、Adobe Premiere CS4简单操作。要成为一个专业的影视剪辑人员，我们需要理论知识作为基石。本模块将一一为你揭开影视剪辑理论世界的奥秘。

学习完本模块后，你将能够：
- 掌握镜头的概念；
- 掌握景别的概念；
- 了解景别在影视作品中的分类；
- 掌握各种景别在影视作品中的作用；
- 掌握蒙太奇的相关知识；
- 掌握镜头组接的相关规律。

任务一 认识景别

任务概述

景别是影视理论中最基础的部分。一部优秀的影视作品能合理地运用各种景别，构成完美的画面，最佳地表现出创作意图和思想。只有掌握了景别的相关理论，才能创作出好的影视作品。

活动一

欣赏"实作素材/3-1/鉴赏素材"文件夹中的电影《越光宝盒》中的一段视频（光盘中），如图3-1所示。想想在该短片中的哪个"组"会用到Premiere CS4？

图3-1

知识窗 ·················

活动二

（1）欣赏"实作素材/3-1/鉴赏素材"文件夹中早期电影《梅里爱的魔术》（1904年）、刘谦的魔术两段视频（素材置于光盘中），说说两段视频有什么相同与不同之处，你更加喜欢哪段视频？

（2）赏析"实作素材/3-1/鉴赏素材"文件夹中《工厂的大门》、《火车到站了》两段视频，观看影片中"人物"的大小是否改变。

一、镜头概念

镜头是指摄影机在一次按下开始录制到停止录制之间所拍摄的连续画面或者是两个剪辑点之间的画面，是构成影视作品的基本单位。

现在的影视作品是由多个镜头组接在一起形成，在时间上可以不连续。但是在影视诞生之初，由于技术上的原因，影视作品例如《工厂的大门》《火车到站了》等早期的影视作品都是一次性拍摄完成，摄像机就是记录当前时空下这段时间内发生的所有事情。

随着技术的不断发展和人们认知的需要，如果清楚展示画面中的人物表情，或者特别呈画面中人物的环境等，这就要求摄像机改变原有固定位置和固定角度，从而改变画面中被摄体固定大小的原有状态，所以现在的影视作品由一个一个的镜头组成。

活动三

欣赏"实作素材/3-1/鉴赏素材"图3-2、图3-3所示的"景别变化"视频片段（素材置于光盘中），说一说在这段视频中，人物在画面中的大小有何变化？试着回忆在你看过的电影中，人物的大小是否在不断地变化？

图3-2

图3-3

二、景别的概念

景别是指由于摄影机与被摄体的距离不同，造成被摄体在拍摄画面中所呈现出的范围大小的区别。

我们在实际生活中，人们依据自己所处的位置和当时的心理需要，对事物的观察或远看取其势，或近看取其质，或扫视全局，或盯住一处，或看个轮廓，或明察细节等，产生各种视觉大小远近的感受。影视艺术正是为了适应人们这种心理上、视觉上的变化特点，才产生了镜头的不同景别。

三、景别的划分

景别是一个距离问题。为了便于理解，这里以人作为参照标准，一般可分为5种，由近至远分别为：特写（人体肩部以上）、近景（人体胸部以上）、中景（人体膝部以上）、全景（人体的全部和周围背景）、远景（被摄体所处环境），如图3-4所示。

图3-4

四、景别的具体应用

1. 远景

远景能表现自然环境和宏大场面的气势，加强画面的真实性；远景画面在观众的心理上产生过渡感或退出感，常用于影视片的开头、结束或场景的转换，形成舒缓的节奏，如图3-5《肖申克的救赎》片尾、图3-6《后天》开篇。

图3-5

图3-6

2. 全景

全景决定场景中的空间关系, 起 "定位" 作用, 往往是每一场景的主要镜头, 如图 3-7、图3-8所示的《海角七号》片尾。

图3-7

图3-8

3. 中景

中景主要表现紧凑空间内人物活动和相互间的关系, 与人们现实生活中的空间关系相接近, 符合观众的观看心理, 如图3-9所示的《举起手来》片段、图3-10所示的《查理的巧克力工厂》片段。

图3-9

图3-10

4. 近景

近景善于表现人物的面部表情，是用来刻画人物性格的主要景别之一，如图3-11所示的《一个好爸爸》片段、图3-12所示的《富贵逼人》。

图3-11

Happy birthday to you, Happy birthday to you!

图3-12

5. 特写

特写景别突出表现某一局部，放大了细节，反映出质感，形成清晰的视觉形象，常被用作过渡镜头，如图3-13所示的《贫民窟的百万富翁》片段、图3-14所示的《当幸福来敲门》片段。

图3-13

图3-14

景别是一个看似简单，其实拥有无穷能量的基本影视元素。要想熟练地运用景别，需要多观看其他优秀的作品，学习优秀的经验。在实际操作中，多拿着摄影机走到生活中去拍摄。

课后练习·············

（1）利用课余或者部分课堂时间，对下面影片进行影视赏析，分析影片中的各种景别。作品名称如下：

《阿甘正传》《拯救大兵瑞恩》《生死时速（1）》《大话西游（1、2）》《魔戒三部曲》

（2）利用"实作素材/3-1/鉴赏素材"文件夹中提供的视频素材，剪辑出一段有各种景别的视频集。

任务二　认识蒙太奇

任务概述

在影视作品剪辑中，不是简单地用相关工具把镜头组接在一起，而是有一定的规律。

"蒙太奇"就是规律的集合。"蒙太奇"不但是影视语言的重要表现方法之一，也是电影理论的重要组成部分。

一、蒙太奇的概念

汉语中很多词语属于音译外来词。例如"摩登"是英语单词"modern"的音译词，"蒙太奇"音译自法语"montage"。"montage"原是古建筑学上一个术语，意为构成、组合，借用到电影中为电影用语，有剪辑和组合的意思。历来对于蒙太奇的概念众说纷纭，蒙太奇像一个极有诱惑力的迷一样，近百年来吸引着世界各国的电影工作者。

活动一

请大家闭上眼睛，想象"母亲"这个名词几分钟。

（1）请回答你想到了哪些场景？

（2）你是否想到了如图3-15、图3-16所示公益广告《母亲》中演示的场景？

图3-15

图3-16

（3）为什么每个人想到的不一样呢？

（4）通过刚才的活动，请大家试着归纳蒙太奇的概念。

1. 蒙太奇的定义

蒙太奇就是指根据影片要表达的内容思想，将摄像机在不同时空下拍摄的镜头，按照生活逻辑、作者的观点倾向及美学原则把它们按原定的构思组接起来，用以表现某种特定的主题内容的技巧。

2. 镜头与蒙太奇的关系

从上一任务的内容可以看出影视作品的基本元素是镜头。镜头是从不同的角度、以不同的焦距、在不同的时间一次性拍摄下来的画面。以镜头来说，从不同的角度拍摄，自然有着不同的艺术效果。比如远景、全景、中景、近景、特写、大特写等，其艺术效果不一样。在影视作品中，各种不同的镜头如何连接，就需要蒙太奇。而连接镜头的主要方式、手段就是蒙太奇。

活动二

《哈利波特1》中原著有这么一段文字描写：一字排开的船队同时启程，仿佛是一起在水平如镜的湖面滑行。所有的孩子都默不作声，抬头仰望着那宏伟的古堡。当船队越来越接近古堡所在的峭壁时，孩子们感觉古堡仿佛就屹立在自己的头顶上一样。

（1）请大家试着把这段文字在自己的头脑中转化成影像。

（2）欣赏"实作素材/3-1/鉴赏素材"文件夹中《哈利波特》片段（光盘中），正是上述这段文字在电影中展示的场景画面。

（3）你想象的场景画面和电影中表现的有什么区别。

通过这个活动，可以得知蒙太奇在影视作品中的主要作用，就是把创作者的思维和镜头语言相互转换。就是把头脑中的想法用一个个镜头合理地、充分地表现出来。这些技巧跟创作者自身的生活环境、文化底蕴、思维方式等息息相关，所以大家在日常生活中要多丰富自己的阅历，增长自己的见识。

二、蒙太奇的作用

人们通常把分割的、离散的、跳跃的思维方式称为蒙太奇思维。因为有蒙太奇思维，才使得现在的影视世界如此多姿多彩。蒙太奇贯穿于整个影片的创作过程中：产生在影片编剧的艺术构思之时；体现在导演的分镜头剧本里；最后完成在剪辑台上。

1. 蒙太奇有叙事的作用

影视剧的画面是分别拍摄的，运用蒙太奇手法把众多的镜头剪辑后组接起来，可以表现完整的思想内容，清晰的叙述故事情节，构成一部为广大观众所理解的影片。

2. 蒙太奇有表意的作用

蒙太奇不仅起着生动叙述镜头内容的作用，而且会产生各个孤立的镜头本身表达不出的新含义来，能使影视作品产生诗情画意的效果。它丰富了影视语言，深化了影片的思想内容，加强了影片情绪的感染力。

3. 可以运用声画蒙太奇产生特殊的艺术效果

（1）利用声画合一更好地阐述剧情。

声画合一指声音和画面紧紧配合形成"同步"。如画面有人在弹钢琴，同时就出现悦耳的钢琴声；画面中出现一架飞机飞行，同时就听到飞机的轰鸣声；画面上两人在交谈，传来的也是他们的谈话声。这种方式有助于观众更好地理解剧情，符合观众心理规律。例如：电影《一个好爸爸》把原生带和剪去音频的素材同时给出，以便直观地了解声画合一的作用，如图3-17所示。

（2）利用声画分立扩展画面空间容量。

声画分立也就是说声音和发声物体不在同一画面，声音是以画外音的形式出现的。声画分立的明显作用就是能够扩展画面的空间容量。

图3-17

活动三

赏析"实作素材/3-1/鉴赏素材"《幸福来敲门》的片段，如图3-18所示。说一说从这个画面中看到了什么？

图3-18

（3）利用声画对位产生深层次的象征意义。

声画对位是指把本来分别独立，各不相干的声音和画面有机地结合起来，从而产生了单是画面或单是声音所不能完成的整体效果，构成另一种意义上的"声画结合"的蒙太奇形式。利用声画对位，可形成某种象征意义。

活动四

赏析《生日快乐》片段，如图3-19、图3-20所示。想想这个片段给你传达了怎样一个信息？

图3-19

图3-20

"声画分立"和"声画对位"通常称为"声画对列"。声画对列在影视片的运用，丰富了影视艺术的表现手法，从而扩大了影视片的内容含量，并运用其特点调动了观众思维的积极性，让电影更加具有吸引力。

4. 产生"复合时空"效果

交错穿插的两种或两种以上的时空称为"复合时空"。复合时空在表现故事时，可以让时间、空间相当自由地切跳、或延长、或静止。将过去、现实、未来、幻觉等几种时空交织在一起，这样可深入地表现人物的心理活动，渲染情绪，加强影片的艺术感染力。

在张艾嘉的电影《心动》中，就是用现实、过去、幻觉交替的这种复合时空来延续故事的，如图3-21所示。

图3-21

活动五

另外一部电影《玻璃之城》中也有"复合时空"。请大家鉴赏两部电影，说说两者的不同之处。

5. 创造蒙太奇节奏

影视作品中一个镜头的美学价值，除本身所具有的内容以外，还可以根据它在影片中的位置，即排列顺序，镜头长短来扩大或减少。也就是说，在镜头的连接中，会产生影片所需要的节奏——蒙太奇节奏。

（1）蒙太奇节奏概念。

蒙太奇节奏，是指影视作品中镜头转换所产生的一种节奏，这是最富有影视特点的，为影视作品所专有的一种节奏。由一系列镜头连接，所形成的节奏感，能使原来是静止的事物变"活"，让他们动起来。

（2）两个同样节奏的镜头接在一起也可以改变它们的节奏。

比如：一个人在街上散步，走得很慢。如果把这个镜头放在有一个杀手慢慢地向他靠拢，而当事人却全然不知时，虽然两个画面的节奏都很缓慢，但是你会觉得气氛异常紧张。

（3）蒙太奇节奏与镜头的长短也有关系。

比如：在有关警匪情节的电影中，如果男主人公要死去，则会用一个较真实时间要长的镜头来表现英雄人物的消失。这样既扣住了观众的心弦,让观众有撕心裂肺的痛;把英雄的死也表现得更加凄美,渲染了影片的主题。

在美国导演希区科克的惊险片《精神病患者》中,其中有一个情节被称为世界上最绝的惊险、恐怖场面:一个女人在浴缸里被残杀了。这个场面用了45 s来表现刺杀动作与被杀者倒下,它比实际时间长得多。导演一共用了78个镜头,从不同的机位来表现这一场面,平均每个镜头只有半秒钟(14格胶片),所以镜头短,变化大,既造成紧张感,又没有拖沓感,如图3-22所示。

图3-22

蒙太奇是影视艺术的语言手段,它既是影视艺术反映现实生活的艺术方法,也是作为影视作品的基本结构手段、叙述手段和镜头组接的艺术技巧。蒙太奇是导演表现其思想的一个重要手法。我们应该充分理解蒙太奇作为影视艺术语言手段的相关作用。了解蒙太奇的叙事与表意作用在影视作品中如何运用。

课后练习 . . . .

(1)蒙太奇的概念是什么?

(2)蒙太奇的作用有哪些?

(3)结合蒙太奇,请你试着说说表现一个人拿水杯喝水这个动作,你需要几个镜头来表现(请说出镜头的景别)?

任务三　探索镜头组接规律

任务概述

蒙太奇是镜头组接方法的总称。那么在镜头组接过程中我们需要遵循的规律是什么?方法有哪些?在生活中要怎么运用?怎么让自己的作品看起来更加完善?这就是本任务的内容。

活动一

对于下面三个场景请大家做一做组合题。

镜头A: 一个人在笑;

镜头B: 一把刀直指着这个人;

镜头C: 同一人的脸上露出惊惧的样子。

①你觉得这几个场景可以做出几个组合表达思想?

②如果是A—B—C的组合能够传达什么思想?

③如果是C—B—A的组合能够传达什么思想?

友情提示................

不管这几个镜头怎么组接,可以表达的中心思想有两种,一种是表现这个人有大无畏精神,不畏惧死亡;另一种就是表现这个人胆小,畏惧死亡。

根据日常工作中经常遇到的一些情况归纳出来的。一般情况下需要遵循,但是有时编者的意图是要表现一些特殊效果,规律是可以做灵活运用的。当然这些需要创作者平常多实践,不断充实自己的知识,不断总结经验。这样在创作过程中就可以结合实际需要,创作出更多更好的作品。

1. 镜头的组接必须符合生活逻辑

镜头的组接要符合生活逻辑,不符合逻辑观众就会看不懂。为什么当初无声电影没有声音也让人着迷,其中一个原因就是虽然没有声音但是大家能看懂电影讲什么。

2. 遇到同一机位,同景别又是同一主体的画面是不能组接的

这样拍摄出来的镜头景物变化小,画面看起来雷同,接在一起好像同一镜头不停地重复。在另一方面这种机位、景物变化不大的两个镜头接在一起,只要画面中的景物稍有一变化,就会在人的视觉中产生跳动或者好像一个长镜头断了好多次,破坏了画面的连续性。

3. 不同主体的镜头相组接时,同景别或不同景别的镜头都可以相接。

4. 在镜头组接的时候,要遵循"循序渐进"的规律。

如果景别变换太大:一方面,产生视觉跳跃太大,不适应; 另一方面,不容易搞清两个镜头的关系,如图3-23所示。

景别组接循序渐进一般如下组接,如图3-24所示:

①"远景"组接"全景或中景";

②"全景或中景"组接"近景或特写";

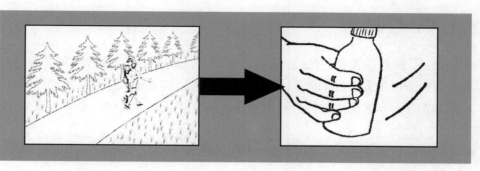

图3-23

图3-24

③"特写"组接"中景或近景";

④"中景或近景"组接"全景或远景"。

5. 镜头组接要遵循"动从动""静接静"的规律

①如果画面中同一主体或不同主体的动作是连贯的,可以动作接动作,达到顺畅、简洁过渡的目的,我们简称为"动接动"。

②如果两个画面中的主体运动是不连贯的,或者它们中间有停顿时,那么这两个镜头的组接,必须在前一个画面主体做完一个完整动作停下来后,再接后一个从静止到开始的运动镜头,这就是"静接静"。"静接静"组接时,前一个镜头结尾停止的片刻叫"落幅",后一镜头运动前静止的片刻叫做"起幅",起幅与落幅时间间隔为1~2 s。

为了使画面不出现跳动感,一般遵循"动从动""静接静"的规律。除非为了某种特殊效果,比如:球赛中插入观众的反应镜头;车厢内人往外看的固定镜头与车窗外景物的运动镜头相连。

6. 镜头组接的同一性原则

(1)人物视线、情绪一致;

(2)人物服装和所出现的道具一致;

(3)背景、自然环境一致;

(4)地理位置、方向一致;

(5)运动速度、明暗、色调、影调和谐统一。

7. 遵循镜头调度的轴线规律

（1）概念。

● 轴线：是假想或想象的轴线，指被摄对象的视线方向、运动方向和对象之间的关系所形成的一条假定的、无形的线（分别称方向轴线、运动轴线、关系轴线）。

● 同轴镜头：指摄像机的机位和拍摄角度的变化只在轴线的一侧即180°之内拍摄的镜头。

● 离轴镜头：个别镜头在轴线的另一侧所拍摄的镜头。

（2）轴线规律。

"轴线规律"是指组接的两个镜头必须是同轴镜头，如果不是同轴镜头，两个画面接在一起主体物就要"撞车"，产生跳动的感觉，也称作"跳轴"。

运动轴线示意图：1、2机位可以组接，3机位不能与1、2机位组接。如图3-25所示。

关系轴线示意图：1、2机位可以组接，3机位不能与1、2机位组接。如图3-26所示。

方向轴线示意图：1、2机位可以组接，3机位不能与1、2机位组接。如图3-27所示。

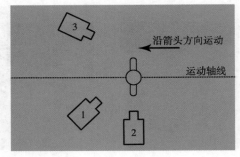

图3-25

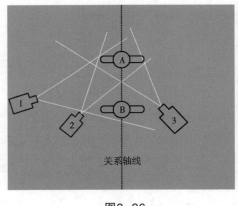

图3-26

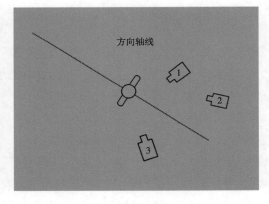

图3-27

课后练习 ·········

（1）景别组接原则是什么？

（2）轴线规律是什么？

（3）镜头组接规律有哪些？

任务四　制作四季画册

任务概述

蒙太奇是一种组接镜头的技巧。为了让镜头符合生活逻辑、作者的观点倾向及美学原则，在视频制作中，从一个场景的画面转换到另一个场景的画面时，除了直接镜头切换以外，还有其他的方式。

活动一

观看本任务最终效果（如图3-28所示），请讨论本任务的操作要点。

图3-28

在影视节目中直接用来组接的镜头，需要在拍摄过程中拍摄得很完美：画面要美、符合组接的相关规律。但是在影视节目制作过程中，不会尽善尽美，总会有这样和那样的问题。镜头也一样，如果出现镜头组接过程中不能很好地组接，又不能够补拍的情况下，需要借助编辑软件的特殊功能来弥补。有时候影视节目为了情节、主题的需要，会用到一些特殊的组接形式，比如：黑场转换、白场转换、淡入淡出等。这些都是在编辑过程中实现的。下面我们利用Premiere CS4来介绍它的一些转场特效。

活动二

根据操作步骤完成本任务案例。

（1）新建项目文件（参考设置DV-PAL、标准48 Hz）。

（2）导入"实作素材/3-4/素材"文件夹中的相关素材，如图3-29所示。

（3）拖动素材到时间线窗口的"视频1"轨道。在"项目监视器"窗口中监视图片的效果，如图3-30所示。

（4）选中所有图片，修改其大小，使各图片素材适合当前画面大小，如图3-31所示。

图3-29

图3-30

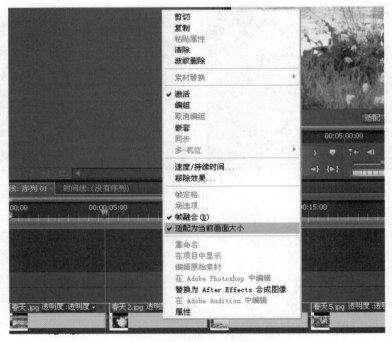

图3-31

（5）在项目窗口中选中背景音乐，在"源素材监视器"中监听音乐，如图3-32所示。

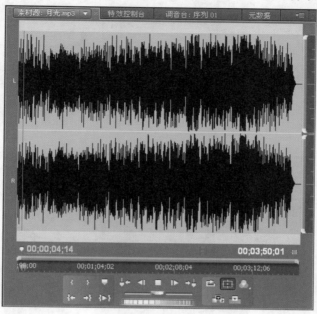

图3-32

（6）拖动背景音乐到时间线窗口的"音频1"轨道，如图3-33所示。

图3-33

（7）在"节目监视器"中观看当前影片效果，发现图片之间切换有跳动感，不协调。为了改变这一现象，接下来为图片之间添加切换特效，使图片之间的过渡更加协调。

（8）在"效果→视频切换"中可以看到Adobe Premiere Pro CS4提供给大家的各种切换特效，如图3-34所示。

（9）展开"3D运动"文件夹，找到"门"，拖动其到第一张图片与第二张图片之间，先查看效果，如图3-35、图3-36所示。

（10）选中"门"，在特效控制面板中查看其各参数设置，如图3-37所示。

图3-34

图3-35

图3-36

图3-37

● 持续时间：是转场特效持续时间，可以自己调整。一般在设置转场特效的时候，如果有背景音乐的存在，转场的开始点一般要设置在背景音乐发生变化的时候。根据这个前提，我们修改我们的持续时间，如图3-38所示。

● 显示实际来源：选中此选项后，可以看到A、B两段视频显示缩览图，如图3-39所示。

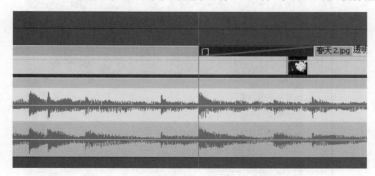

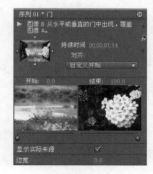

图3-38   图3-39

活动三

大家仔细观察如图3-40、图3-41所示的两组图片，想一想因为哪个选项不一样造成切换效果不一样？

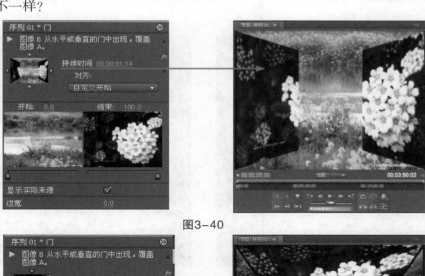

图3-40

图3-41

● 边宽和边色：是给切换的视频添加一个颜色可变的边框，如图3-42、图3-43所示。

● 反转：本来切换的方向是图形B从水平或者垂直的门中出现，覆盖图像A。选择反转后，效果刚好相反，如图3-44、图3-45所示。

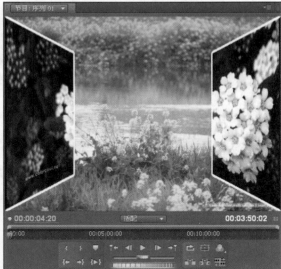

显示实际来源	✓
边宽	2.9
边色	
反转	
抗锯齿品质	关

图3-42

图3-43

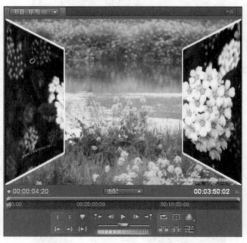

图3-44

图3-45

（11）根据自己需要选择合适的参数，接下来根据需要分别为后面的图片添加转场，如图3-46所示。

图3-46

（12）完成后在"节目监视器"中查看效果。

本任务所有的操作请详细观看本书配套"案例辅助操作视频"文件夹中的操作视频。

课后练习 . . . .

（1）根据操作步骤，试着完成以上制作过程。

（2）从光盘中选取需要的素材，制作一个视频，尽可能地使用上所学的各种转场特效。

模块四　视频特效的处理与运用

模块综述

　　视频特效的运用在影视作品制作中是非常重要的环节，Premiere CS4提供了大量的视频特效。每种视频特效的用处各不相同，掌握了常用特效使用的原理，在以后的特效运用中就可以举一反三。

　　学习完本模块后，你将能够：
- 掌握调整素材的颜色的方法；
- 掌握变换素材颜色的方法；
- 掌握镜像特效的使用方法；
- 掌握马赛克特效的使用方法；
- 掌握模糊特效的使用方法；
- 掌握抠像特效的使用方法；
- 掌握黑白特效的使用方法。

任务一　调整素材颜色

任务概述

　　画面色彩的统一是衡量影视作品质量的一个很重要的指标。学习影视剪辑需要掌握调整素材的颜色。调整素材的颜色包括改善画面中的颜色缺陷，或者把素材的颜色变换成创作者所需要的效果。

活动一

观看本任务最终效果（如图4-1—图4-4所示），请讨论本任务的操作要点。

一、RGB色彩模式

　　利用Premiere CS4 中的相关色彩特效来改善素材颜色上的问题。需要对色彩模式有一定的了解。本任务需要了解RGB模式中红、绿、蓝的相关知识，否则对操作会造成一

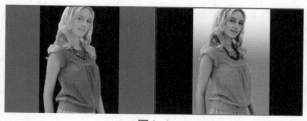

图4-1

图4-2

图4-3

图4-4

定的影响。

RGB色彩模式是一种色彩标准,R、G、B分别代表红(Red)、绿(Green)、蓝(Blue)色彩通道。通过红、绿、蓝3个色彩通道的变化以及它们相互间的叠加,以得到各种的颜色。这个标准几乎包括了人类视力所能感知的所有颜色,是目前运用最广泛的颜色模式之一。

红色的RGB值为(255,0,0);

绿色的RGB值为(0,255,0);

蓝色的RGB值为(0,0,255);

黑色的RGB值为(0,0,0);

白色的RGB值为(255,255,255);

灰色是由相同的R、G、B(除0和255以外)值构成,如(125,125,125)是一种灰色。

活动二

根据操作步骤完成"调整偏色图片"案例。

在创作过程中,经常会遇到素材的颜色偏色效果严重,为了创作出完美的影视作品我们来了解如何调整偏色图片。

(1)新建项目(参考设置DV-PAL、标准48 Hz)。

(2)导入"实作素材/4-1/素材"文件夹中的素材,在素材源监视器查看素材图片的信息。

(3)拖动"练习偏色图"的序列图片分别到"视频1""视频2"轨道。选中"练习偏色图"图片,更改其大小,适合当前屏幕。接着复制素材,粘贴到第一段素材后。如图4-5所示。

(4)在视频特效文件夹下"色彩校正"中找到"色彩平衡",拖动该特效到"视频2"轨道的第二段素材上,如图4-6所示。

图4-5

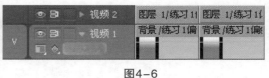

图4-6

(5)因原图色彩偏红,这里我们需要校正该图片。在"色彩平衡"特效中修改参数(参数值仅供参考,读者需根据自己在操作过程中的情况来对参数进行一系列的调整才能得到满意的效果),如图4-7所示。

(6)更改了素材中颜色偏红的缺陷,观察最终效果,如图4-8所示。

图4-7

活动三

根据操作步骤完成"给素材添加颜色"案例。

在创作过程中,经常会遇到给没有颜色的素材添加颜色,可以用Premiere CS4中相应的特效来添加。

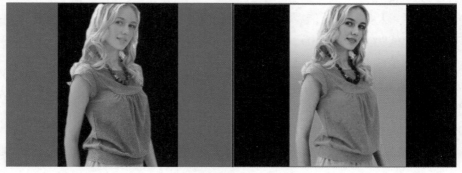

图4-8

（1）对于是黑白效果的素材，也可以利用视频特效来添加颜色。导入"实作素材/4-1/素材"文件夹中"黑白菊花"素材，这里将菊花分别调整成红、绿、蓝三种颜色。我们需要拖动素材4次，依次放在"视频1""视频2"轨道上，如图4-9所示。

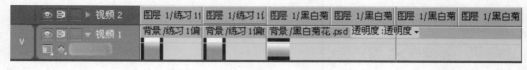

图4-9

（2）根据RGB模式的相关知识得出各种颜色的菊花需要的参数值，如图4-10—图4-12所示。

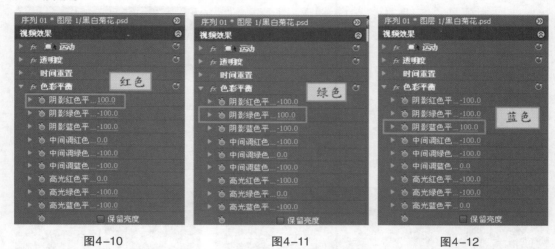

图4-10　　　　　　　　　图4-11　　　　　　　　　图4-12

（3）观察最终效果，如图4-13—图4-15所示。

图4-13　　　　　　　　　图4-14　　　　　　　　　图4-15

二、色彩属性

彩色系的颜色具有3个基本属性：色相、纯度、明度。

● 色相：色相是色彩的最大特征，指能够比较确切地表示某种颜色色别的名称。色彩的成分越多，色彩的色相越不鲜明。任何黑白灰以外的颜色都有色相的属性。

● 纯度：色彩的纯净程度，表示颜色中所含有色成分的比例，比例越大，色彩越纯，比例越小,色彩的纯度也越低。

● 明度:色彩的明亮程度。各种有色物体由于它们反射光量各不相同,就产生颜色的明暗强弱。色彩的明度有两种情况:一是同一色相不同明度;二是各种颜色的不同明度。

活动四

根据操作步骤完成"改变素材颜色"案例。

第二个例子介绍了如何把整个画面中的颜色调整为其他颜色的方法,而本例将介绍如何将画面中某种颜色改变为其他颜色,是有选择性的改变素材中的颜色。

操作步骤如下:

(1)新建项目文件。(参考设置DV-PAL、标准48 Hz),导入素材。

(2)拖动"实作素材/4-1/素材"文件夹中"色彩图D"素材到"视频1"轨道。更改其大小,适合当前屏幕,如图4-16所示。

图4-16

(3)添加"视频特效→色彩校正→更改颜色"特效到第二段"色彩图D"素材上,如图4-17所示。

(4)修改"更改颜色"特效中的各种参数,如图4-18所示。

图4-17

图4-18

"更改颜色"特效的使用方法:

①首先在"要更改的颜色"选项中对需要更改的颜色进行选择。方法如下:单击后面的颜色吸管,在"节目监视器"中选择到合适的颜色时单击鼠标。

②在"匹配颜色"选项中选择"使用色度"选项。

③更改色相变换、明度变换和饱和度变换的值。

④调整"匹配宽容度"和"匹配柔和度"的值,使更改的颜色只对当前元素起作用。这里的参数可能需要反复调整,为了得到满意的效果需要耐心。

(5)观察最终效果,如图4-19所示。

图4-19

活动五

根据操作步骤完成制作"连续颜色更改"案例。

拖动"实作素材/4-1/素材"文件夹中两汽车到"视频1"轨道。根据制作"色彩图D"的效果,来制作汽车的颜色更改的视频。这里需要提醒的是,汽车颜色的更改是经过了3个过程,最初颜色不更改,红色的汽车变成紫色,黄色的汽车变成橘黄色,所以素材一共需要3段,如图4-20—图4-22所示。

图4-20

图4-21

图4-22

各参数如图4-23、图4-24所示。

图4-23

图4-24

本任务所有的操作请详细观看本书配套"案例辅助操作视频"文件夹中的操作视频。

（1）完成修改偏色素材的制作。

（2）完成添加素材颜色的制作。

（3）完成改变素材颜色的制作。

（4）完成连续颜色更改的制作。

任务二　制作露天电视

任务概述

在制作影视作品的过程中我们需要把有限的素材整合成新的内容。本任务就是把没有在同一时空下的两组素材通过特效的方式整合在一起，以弥补拍摄或者素材的缺陷。在影视节目的制作过程中，需要根据实际生活中的常识来整合素材，细心观察就显得非常重要了。

活动一

观看本任务最终效果（如图4-25、图4-26所示），请讨论本任务的操作要点。

图4-25

图4-26

一般较大的广场都有大电视屏幕，细心的同学会发现，这种露天的电视屏幕上都有网格，并且画面有一定的曲度。根据这个生活常识，在完成本次任务时，注意最终效果要贴近生活，选择特效的时候就需要考虑全面。

活动二

根据操作步骤完成本任务案例。

（1）新建项目文件（参考设置DV-PAL、标准48 Hz），导入"实作素材/4-2/素材"文件夹中的素材。

（2）预览素材效果。拖动"露天电视1"到时间线窗口"视频1"轨道，如图4-27所示。

图4-27

（3）拖动"露天电视"素材到"视频2"轨道，如图4-28所示。

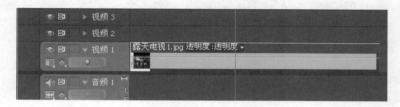

图4-28

（4）选中"露天电视"素材，更改其大小，适合当前屏幕，如图4-29—图4-31所示。

图4-29

图4-30

其参数参考值如图4-31所示。

（5）为"露天电视"素材添加"边角固定"特效，效果如图4-32所示。

图4-31

图4-32

参数值的设置如图4-33所示。

（6）为"露天电视"素材添加"网格"特效，并移动"网格"特效位置置于"边角固定"特效的上方，如图4-34所示。

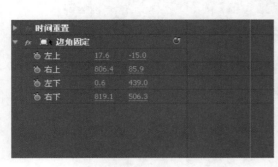

图4-33   图4-34

（7）预览最终效果。本任务所有的操作请详细观看本书配套"案例辅助操作视频"文件夹中的操作视频。

课后练习 · · · · · · · · · · · · · · ·

制作完成"制作露天电视" 效果案例。

任务三　　制作沙漠水源

任务概述

在影视作品中因为条件等原因，导致很多画面没有办法通过拍摄得到，要达到预期的效果，很多素材就需要进行特殊的处理或者用动画软件进行场景的制作。本任务利用视频特效来制作沙漠中水源的效果。通过这个案例学习素材特殊处理的方法，在以后的影视剪辑中能够举一反三。

活动一

观看本任务最终效果（如图4-35所示），请讨论本任务的操作要点。

 +

图4-35

活动二

根据操作步骤完成本任务案例。

（1）新建文件（参考设置DV-PAL、标准48 Hz），导入"实作素材/4-3/素材"文件夹中的素材。

（2）拖动"沙漠"图片到时间线"视频1"轨道中，如图4-36所示。

图4-36

（3）选中"沙漠"图片，更改其大小，适合当前屏幕，如图4-37、图4-38所示。

图4-37

图4-38

（4）添加"视频特效→扭曲→镜像"特效到"沙漠"素材，参数设置和最终效果如图4-39、图4-40所示。

（5）利用"湖泊"素材为"沙漠"制作水源效果。拖动"湖泊"素材到"视频2"轨道，更改"湖泊"素材图片大小，适合当前屏幕，如图4-41、图4-42所示。

图4-39

图4-41

图4-40

图4-42

（6）由于湖泊素材只需要湖水部分，利用"裁剪"特效，去掉图片树木和蓝天部分，如图4-43、图4-44所示。

（7）从生活常识中可以得知，水周围的物体应当在水中留下倒影。此时"沙漠"素材在水中还没有倒影，这里需要改变"湖泊"图片的透明度，降低"湖泊"

图4-43

图4-44

图片的透明度,从而显现出下方的"沙漠"镜像效果,得到倒影效果,如图4-45、图4-46所示。

图4-45

图4-46

（8）利用生活常识,沙漠中的太阳肯定会在水中留下光照,这里需要给素材添加"照明效果"特效,如图4-47、图4-48所示。

（9）预览沙漠水源的效果。本任务所有的操作请观看本书配套的"案例辅助操作视频"文件夹中操作视频。

图4-47

图4-48

课后练习 . . . .

制作完成"沙漠水源"效果。

任务四　制作中国水墨画

任务概述

书法绘画是中国的传统艺术,水墨画更是具有民族文化特色的经典制作。在影视作品中,会遇到需要制作出中国风的影视作品。本任务将介绍用Premiere软件制作有中国风的水墨画效果。

活动一

观看本任务最终效果(如图4-49所示),请讨论本任务的操作要点。

图4-49

活动二

根据操作步骤完成本任务案例。

中国风的水墨画,大都是黑白的。要制作出水墨画效果,首先要变素材为黑白,接着制造出中国水墨画的边缘感,再对素材进行一系列色彩的调整既可得到。

(1)新建文件(参考设置DV-PAL、标准48 Hz),导入"实作素材/4-4/素材"文件夹中的素材。

(2)导入"中国风"素材图片。在"素材源"窗口中查看素材图片的信息。

(3)拖动"中国风"素材到"时间线"窗口的"视频1"轨道中,选中"中国风"图片,更改其大小,适合当前屏幕,如图4-50所示。

图4-50

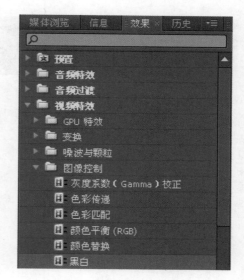

图4-51

（4）在"效果"面板中，单击"视频特效→图像控制→黑白"特效，添加到"山水画"素材上，如图4-51所示。

图4-52

（5）添加"风格化→查找边缘"特效到"中国风"素材，调整"与原始图像混合"选项值为"70%"，如图4-52所示。

（6）添加"调整→色阶"特效到"中国风"素材。在"效果控制"面板中，单击 ██ 设置按钮，在弹出的"色阶设置"对话框中将"输入色阶"参数分别设置为63、0.9、240，如图4-53所示。

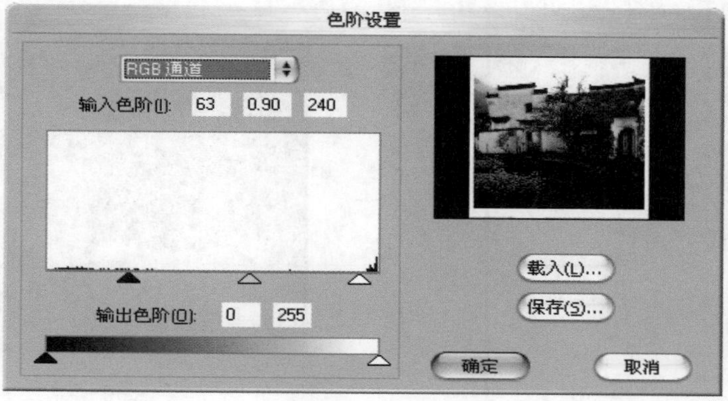

图4-53

（7）添加"色彩校正→色彩均化"特效到"中国风"素材。在"效果控制"面板中对"色彩均化"特效进行设置，将"均衡数量"的值设置为45%，如图4-54所示。

（8）为强化水墨画效果，添加"模糊与锐化→高斯模糊"特效到"中国风"素材，设置模糊程度为3.0左右，如图4-55所示。

图4-54　　　　　　　　　　　　　　图4-55

（9）预览水墨画最终效果。本任务所有的操作请观看本书配套的"案例辅助操作视频"文件夹中的操作视频。

课后练习 ·············

制作完成"自制中国水墨画"效果。

任务五　去除作品标识

任务概述

在影视作品中，尤其是访谈类节目中，经常会出现某个人的面部不清楚，这是添加了马赛克的效果。这是因为这些影视作品中的主人公、知情人或者标识不想出现在作品中。为了尊重个人权益或者相关法规，需要把这些内容隐藏起来，最常用的处理的方法就是在画面中添加马赛克效果。

观看本任务最终效果（如图4-56、图4-57所示），请讨论本任务的操作要点。

图4-56　　　　　　　　　　　　　　图4-57

活动一

根据操作步骤完成本任务案例。

（1）新建项目文件（参考设置DV-PAL、标准48 Hz），导入"实作素材/4-5/素材"文件夹中的素材。

（2）拖动"【公益广告】母爱"素材到"时间线"窗口，预览效果，如图4-58所示。

（3）为了隐藏在素材左上角的"月亮电视台"的标志，这里我们来制作局部马赛克效果。

（4）复制"【公益广告】母爱"素材视频部分，拖动复制视频到"视频2"轨道上，如图4-59所示。

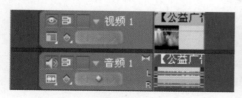
图4-58

图4-59

（5）添加"马赛克"特效到"【公益广告】母爱"素材，设置参数如图4-60所示。

（6）从项目监视器上观察，整个画面都添加了马赛克效果，如图4-61所示。

（7）利用"裁剪"特效来实现遮住"月亮电视台"标志，参数设置如图4-62所示。

图4-60

图4-61

图4-62

（8）预览最终效果，输出作品，如图4-57所示。

想一想 ·········

如何给画面中的主人公"母亲"也添加上马赛克？

本任务所有的操作请详细观看本书配套"实例辅助操作视频"文件夹中的操作视频。

课后练习 ·········

制作完成"去除作品标识"案例。

任务六　制作模糊文字

任务概述

本任务学习的内容是视频特效中的"高斯模糊"，"高斯模糊"制作出来的效果应用很广泛，在很多影视节目中都会用到。

活动一

观看本任务最终效果，如图4-63、图4-64所示，请讨论本任务的操作要点。

图4-63

图4-64

活动二

根据操作步骤完成本任务案例。

（1）新建项目文件（参考设置DV-PAL、标准48 Hz）。

（2）导入"实作素材/4-6/素材"文件夹中素材图片"梨花"，将其拖到"视频1"轨道中，更改其大小，适合当前屏幕。修改"梨花"图片"持续时间"为"00:00:04:19"，如图4-65所示。

（3）选择"新建→字幕"命令，新建"字幕01"。在"字幕"面板中，选择"垂直文字工具"，在编辑区空白处单击，输入"忽如一夜春风来"，参数设置如图4-66所示。

图4-65

（4）在"项目窗口" 中找到"字幕01"，将"字幕01"拖入"视频2"轨道中00:00:00:18处，与"视频1"轨道中"梨花"结束时间一致，添加"视频特效→高斯模糊"特效到"字幕01"，为"字幕01"添加"模糊度"的关键帧。移动时间指针到"00:00:00:18"处，更改参数为80；移动时间指针到"00:00:01:18"处，更改参数为0；模

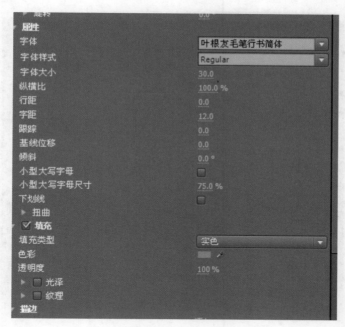

图4-66

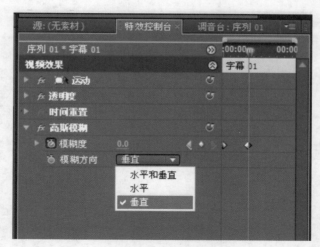

图4-67

糊方向改为垂直,如图4-67所示。

(5)新建"字幕02",参数设置如图4-68所示。

(6)拖动"字幕02"到"视频3"轨道中"00:00:01:14"处,与"视频2"轨道中"字幕01"结束时间一致。添加"视频特效→高斯模糊"特效到"字幕02",为"字幕02"添加"模糊度"的关键帧。移动时间指针到"00:00:01:18"处,更改参数为80;移动时间指针到"00:00:02:24"处,更改参数关键帧为0;参数设置如图4-69所示。

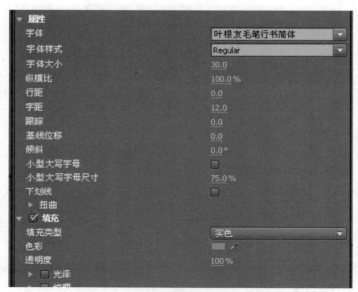

图4-68

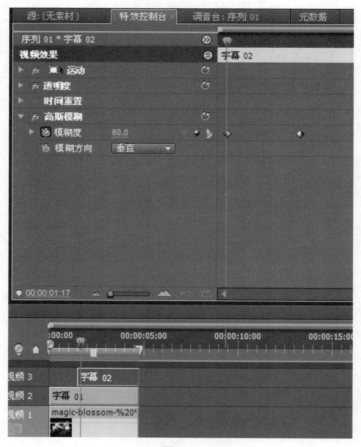

图4-69

（7）最后预览效果，输出作品。

本任务所有的操作请详细观看本书配套的操作视频。

课后练习 ·········

制作完成"制作模糊文字"案例。

任务七　双妹的生日礼物

任务概述

大家经常会在影视作品中看到，人在美丽的天空中自由的飞翔或者影视节目中主持人置身于一些动画空间中的情景，是不是觉得很神奇？现在你不用觉得他们很神奇了，本任务将通过学习——抠像，将介绍制作出这些神奇效果的奥妙在哪里。

活动一

观看本任务最终效果，如图4-70、图4-71所示，请讨论本任务的操作要点。

图4-70

图4-71

活动二

根据操作步骤完成本任务案例。

（1）新建项目文件，设置好参数（选择DV-PAL中的Standard 48 Hz）。

（2）导入"实作素材/4-7/素材"文件夹中素材"礼物""背景""气泡"。新建"字幕01"，输入文字"双妹生日"，修改字幕属性，参数设置，如图4-72所示。

（3）新建"字幕02"，输入文字"送礼物"。修改字幕属性，参数设置，如图4-73所示。

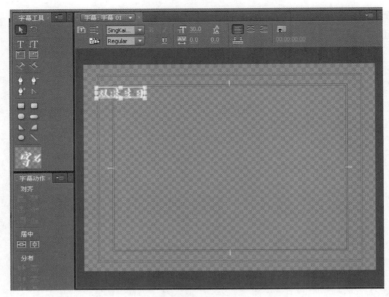

图4-72

▼ **属性**	
字体	SingKaiEG-Bold-GB ▼
字体样式	Regular ▼
字体大小	30.0
纵横比	100.0%
行距	0.0
字距	0.0
跟踪	0.0
基线位移	0.0
倾斜	0.0°
小型大写字母	☐
小型大写字母尺寸	75.0%
下划线	☐
▶ 扭曲	
▼ ☑ **填充**	
填充类型	实色 ▼
色彩	
透明度	100%
▶ ☐ 光泽	
▶ ☐ 纹理	
▼ **描边**	
▼ 内侧边	添加
▼ 外侧边	添加
▼ ☑	上移
类型	凸出 ▼
大小	42.0
▶ 角度	0.0°
填充类型	实色 ▼
色彩	

图4-73

（4）将"背景""气泡""礼物"依次拖至时间线"视频1""视频2"和"视频3"中。设置"背景"和"气泡"的持续时间为"00:00:17:06"，"礼物"的持续时间设置为"00:00:10:10"，更改素材大小，适合当前屏幕，如图4-74所示。

图4-74

（5）观察"气泡"图片，其背景是蓝色。最终效果是只显示气泡，去除背景。原效果如图4-75所示。

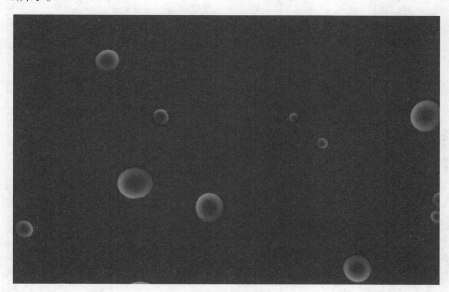

图4-75

（6）在"效果"面板上输入"键"，单击"键控"，添加"键控→蓝屏键"命令到"气泡"，将键控中的"蓝屏键"拖到"时间线"上的"气泡"素材。观察"节目监视器"窗口中的效果并不完美，整个视频看起来很暗沉，如图4-76、图4-77所示。

图4-76

图4-77

（7）修改"蓝屏键"特效参数，如图4-78所示。

（8）添加"蓝屏键"特效到"礼物"素材上，修改参数阈值为64%。

图4-78

（9）为"礼物"素材添加"位置"的关键帧。移动时间针到"00:00:00:01"，修改"位置"参数为（634.2，-26.2），移动时间针到"00:00:13:01"，修改参数为（634.2，456），如图4-79所示。

图4-79

（10）将"字幕01"与"字幕02"分别拖动到"视频5"和"视频4"轨道中，持续时间设置为"00:00:17:06"，如图4-80所示。

图4-80

（11）为"字幕02"添加"位置"的关键帧。移动时间针到"00:00:04:08"，修改"位置"参数为（538.9，288），移动时间针到"00:00:13:01"，修改参数为（418.9，288），如图4-81所示。

图4-81

（12）为"字幕02"添加"透明度"的关键帧。移动时间针到"00:00:03:01"，修改参数为0，移动时间指帧到00:00:07:00，修改参数为100，如图4-82所示。

（13）为"字幕01"添加"位置"的关键帧。移动时间针到"00:00:04:14"，修改"位置"参数为（315.4，288.3），移动时间针到"00:00:13:07"，修改参数为（388.4，288.3），再为"字幕01"添加"透明度"的关键帧。移动时间针到"00:00:03:01"，修改参数为0，移动时间指帧到"00:00:07:00，修改参数为100，如图4-83所示。

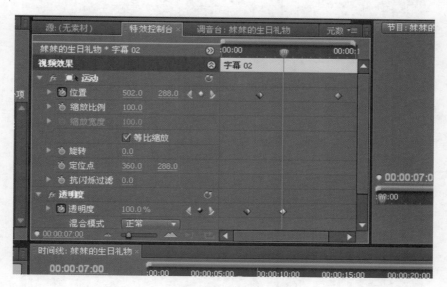

图4-82

图4-83

（14）添加"特效→白场过渡"特效到所有的素材末尾，如图4-84所示。

图4-84

（15）最后预览效果，输出作品。

本任务所有的操作请详细观看本书配套的操作视频。

课后练习 · · · · · · · · · · · · · ·

制作完成"双妹的生日礼物"案例。

模块五 音频效果的处理与应用

模块综述

音乐作品的制作有专门的设备,但是这些设备价格不菲,并且操作复杂。而在Adobe Premier CS4中有调音台,它也具有音乐制作的功能,操作相对来说比较容易掌握,了解了基础的音乐制作技巧,对于以后的提高也有帮助。

学习完本模块后,你将能够:

● 掌握录制歌曲的方法;

● 掌握消除音频中的噪音的方法;

● 掌握调音台使用方法;

● 掌握音频特效的使用方法。

任务一 我的歌声

任务概述

音乐、音效以及人声是影视作品中重要的组成部分,大部分的音乐效果都需要根据影视作品的剧本专门录制。比如专题片中的解说词、影视剧中的主题曲、MTV中的人声等。Premiere提供了录制声音的功能,掌握录制声音的方法,学会录制出好的声音,就能为影视作品添上翅膀,让它翱翔。

活动一

欣赏"实作素材/5-1/素材"文件夹中"爱的代价"原唱和伴奏效果。请根据原唱学习,为后面的录歌做好准备。

活动二

根据操作步骤完成本任务案例。

(1)新建项目,设置好参数(参考设置DV-PAL、标准48 Hz)。

(2)导入素材"爱的代价""爱的代价伴奏""爱的代价歌词",如图5-1所示。

图5-1

图5-2

（3）在"源素材监视器"中监听"爱的代价"和"爱的代价伴奏"。

（4）拖动"爱的代价伴奏"到音频轨道2上，如图5-2所示。

（5）学会歌曲以后，就开始进行录歌部分。选择"窗口→调音台"命令，调出"调音台"窗口，如图5-3所示。

图5-3

（6）单击"激活录制轨"按钮，激活当前"序列01"中的"音轨1"，如图5-4所示。

（7）拖动"爱的代价伴奏"到"音轨2"，如图5-5所示。

（8）在调音台中，单击"录制"按钮后，再单击"播放"按钮，开始根据背景音乐录音，如图5-6所示。

（9）录制完毕后单击"停止"按钮，就停止录制声音。这时在"音频1"和项目窗口中就会出现当前录制的声音，如图5-7、图5-8所示。

（10）根据上述方法，完成"爱的代价"歌曲的录制。

（11）导出合成音频。选择"文件→导出→影片"中调出"导出设置"对话框，如图5-9所示。

图5-4

图5-5

图5-6

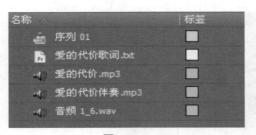

图5-7

图5-8

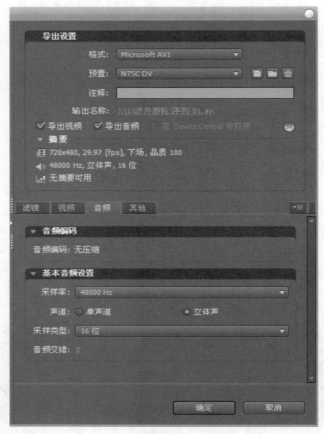

图5-9

（12）因为录制的是音频，所以在格式里面选择MP3格式，如图5-10所示。

（13）"导出设置"窗口变成如图5-11所示。

（14）参数设置好后，单击"确定"按钮，调出Adobe Media Encoder窗口，如图5-12所示。

（15）单击"Output File"下的选项，选择保存的位置以及当前音频的名称，单击"保存"按钮，在Adobe Media Encoder窗口中单击"Start Queue"按钮，输出任务，如图5-13、图5-14所示。

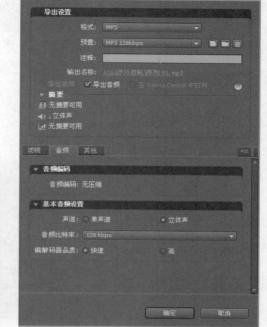

图5-11

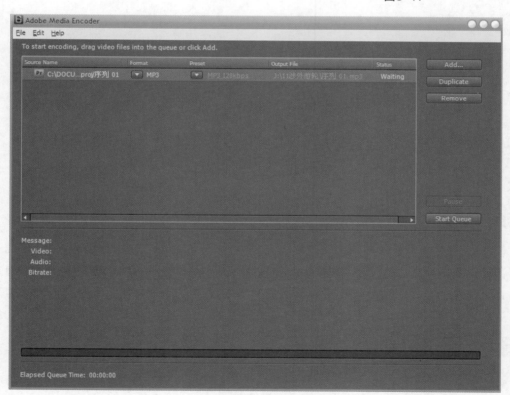

图5-10

图5-12

图5-13

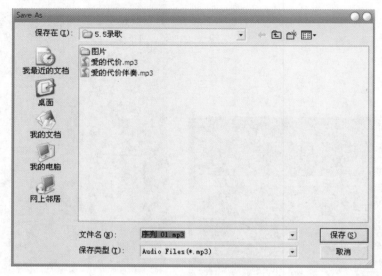

图5-14

课后练习 . . . .

1. 录制"爱的代价"这首歌曲。
2. 录制自己喜欢的歌曲3首。

任务二 制作卡拉OK的回音效果

任务概述

　　Premier对音乐音效的处理有着得天独厚的优势,在实际工作中作用显著。合理的运用音效特效的功能,我们可以制作出一些特殊效果,把自然原始的声音转化为我们想要的音效类型。这些作品以前往往需要昂贵的专业设施设备以及专业人员费时费力地制作,而现在只需Premier一个软件即可轻松达成目的。现在就让我们来创造属于自己的独一无二的音乐音效吧。

活动一

听本任务"实作素材/5-2/"文件夹中最终效果,请讨论本任务的操作要点。

活动二

根据操作步骤完成本任务案例。

（1）新建项目文件，设置好参数（参考设置DV-PAL、标准48 Hz）。

（2）导入"实作素材/5-2/素材"文件夹中的素材"我的歌声里.mp3"。

（3）单击"效果→音频特效→立体声→延迟"拖放到素材"我的歌声里.mp3"的音轨上，然后打开特效控制台窗口，窗口中出现延时、反馈和混合三个选项，如图5-15所示。

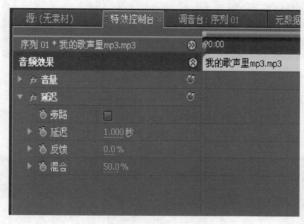

图5-15

（4）播放音频，可以听到回音的效果，但是回音延迟过于强烈，造成音频失真。所以需要将"延迟"选项的数值改为"0.500秒"。方法一是单击特效控制台内的延迟特效下的"延迟"子选项左边的小三角，将滑块拖曳到0.500 s处；方法二是直接单击"延迟"子选项右边的数值，使之进入可编辑状态直接输入"0.5"。如图5-16、图5-17所示。

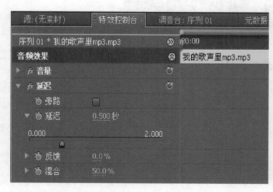

图5-16

图5-17

（5）再次播放音频，发现虽然回音变弱了，但是回音和本来的音乐混合过于强烈，所以需要将特效控制台内的延迟特效下的"混合"子选项的数值由50%降低至25%，调整方法和第4步相同，如图5-18所示。

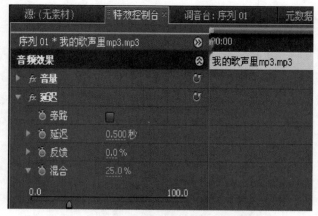

图5-18

（6）再次播放音频，发现已经初步出现了回音效果，但是回音只是在每一句歌词断句的时候回响一次，所以将特效控制台内的延迟特效下的"反馈"选项的数值改为25%，调整方法和第4步相同，如图5-19所示。

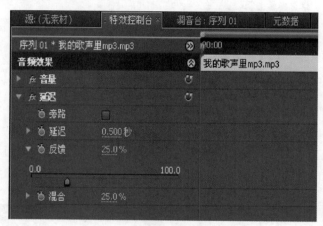

图5-19

（7）操作完成，可以听到这首歌已经变成卡拉OK里的效果了。详细参考"案例辅助操作视频"文件夹中的操作视频。

知识窗 ....

● 延迟：这是室内声音特效中常用的一种效果。因为声音是以一定速度进行传播的，当遇到障碍物后就会反射回来，与原声之间形成时间差。在前期录音或后期制作中，用户可以利用延时器来模拟不同延时时间的反射声，从而造成一种空间感。

● 延时：调节在同一时间上与原始音频的滞后或提前的时间，最大值为2 s，因为超过2 s的声音延迟就会造成音频效果严重失真。

● 反馈：可以设定有多少演示音频被反馈到原始音频中。

● 混合：设定原始音频与延时音频的混合比例，一般取50%以下的数值较理想。

课后练习 · · · · · · · · · · · · · ·

完成"制作卡拉OK回响效果"案例。

任务三　分离歌曲左右声道

任务概述

在音频处理中，立体声的音频素材往往要涉及对其左右声道的处理。本任务将对与立体声相关的知识点进行介绍，包括对左右声道进行不同或相同的设置，立体声道与单声道的相互转换等。

活动一

听"实作素材/5-3/"文件夹中的本任务最终效果，请讨论本任务的操作要点。

活动二

根据操作步骤完成本任务案例。

一、查看音频素材

（1）新建项目文件，设置好参数（参考设置DV-PAL、标准48 Hz）。

（2）导入"实作素材/5-3/素材"文件夹中的"单声道音频.wav""立体声音频.wav""师生情成品.flv""桃园传媒广告.mpg"。

（3）在"源素材监视器"窗口中监听这几个音频中的内容以及波形图，其中"立体声音频"是一个左右声道不完全相同的双声道音频，如图5-20所示。

（4）"单声道音频"是一个单声道的音频，如图5-21所示。

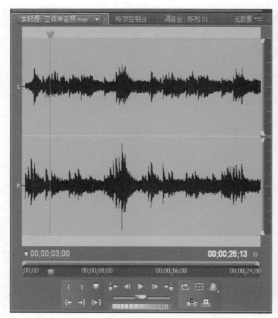

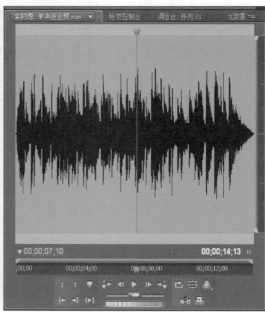

图5-20 图5-21

（5）"师生情成品. flv""桃园传媒广告. mpg"在"源素材监视器"窗口中只能看到视频效果，如图5-22、图5-23所示。

图5-22 图5-23

（6）如果想查看其音频的波形图，在"素材源监视器"中，右击调出快捷菜单，选择"显示模式→音频波形"选项，如图5-24—图5-27所示。

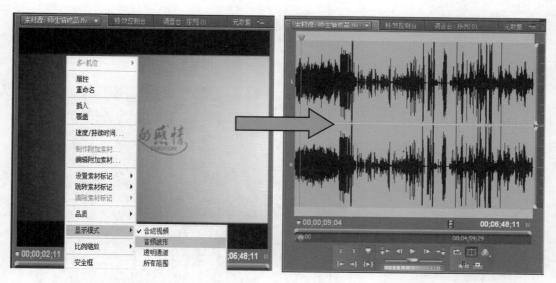

图5-24   图5-25

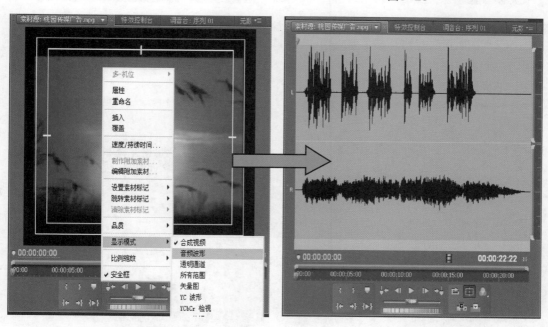

图5-26   图5-27

二、单声道转换为立体声

　　"单声道音频"是个单声道音频文件，不能直接放置到立体声轨道中，即默认的音频1、2、3和主音频不能放置。不过可以将其转换为立体声。如图5-28所示。

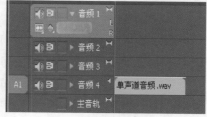

图5-28

操作方法一：

（1）在项目窗口中选择"单声道音频"文件，然后选择菜单命令中的"素材→音频选项→源声道映射"的命令，打开"源声道映射"窗口，如图5-29、图5-30所示。

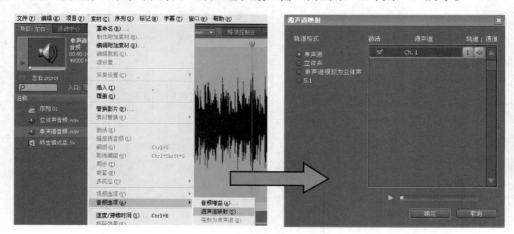

图5-29 图5-30

（2）当前音频的轨道格式为单声道，可以选择立体声，单击"确定"按钮。此时会看到其在素材源窗口中看到波形图的变化，改变为双声道，上面的轨道（左声道）有声音波形，下面的轨道（右声道）没有声音而显示为一条直线，如图5-31、图5-32所示。

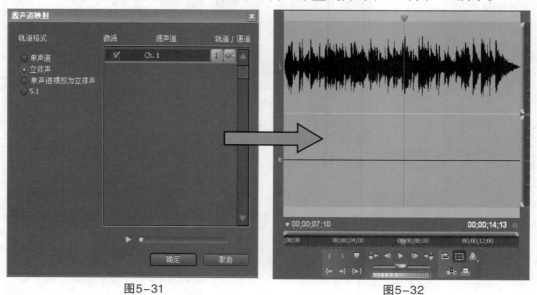

图5-31 图5-32

（3）这时转换为立体声的"单声道音频"可以任意放置在立体声音频轨道中，但是却不可以放置在单声道轨道中，如图5-33所示。

（4）当前左声道有声音而右声道没有声音。也可以让左声道没有声音，右声道有声音。在项目窗口中选择"单声道音频"文件，然后选择菜单命令中的"素材→音频选项→源声道映射"，打开"源声道映射"窗口。在打开的"源声道映射"窗口中，可以看到右侧两个小喇叭，其中左喇叭有发音的图示。单击一下喇叭，会将发音的喇叭调换到右边，单击"确定"按钮，会发现音频的波形显示图也会随之发生变化。这时就发现左声道没有声音，右声道有声音了。如图5-34—图5-37所示。

图5-33

图5-34

图5-35

左声道有声音

图5-36

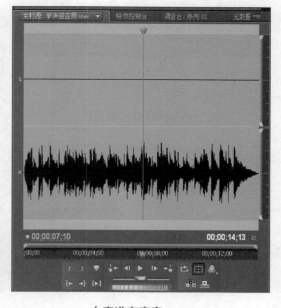

右声道有声音

图5-37

操作方法二：

上面的方法是把单声道转换为立体声，但是只有一个声道有声音。接下来用另外的方法，转换成让左右声道都有声音的立体声。

（1）在时间线窗口中删除"单声道音频"，确定它没有被使用。

（2）在项目窗口中选择"单声道音频"文件。

（3）选择"素材→音频选项→源声道映射"的命令，打开"源声道映射"对话框。在打开的"源声道映射"窗口中，选择"轨道格式"下的"单声道模拟立体声"，单击"确定"按钮。此时会发现音频的波形显示图又发生了变化,左右声道都有相同的波形图,即两个声道都有声音了,如图5-38、图5-39所示。

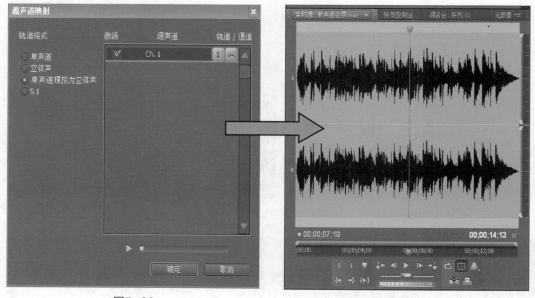

图5-38   图5-39

三、立体声转换为单声道

既然单声道可以转换为立体声,同理立体声也可以转换为单声道。

(1)在项目窗口中选择"立体声音频"文件,然后选择菜单命令中的"素材→音频选项→源声道映射"的命令,打开"源声道映射"窗口,如图5-40所示。

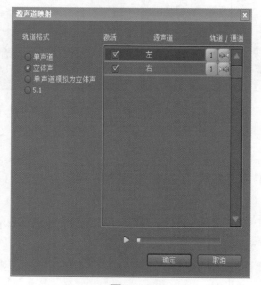

图5-40

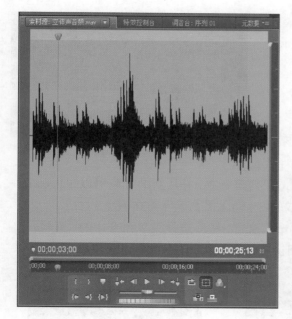

图5-41

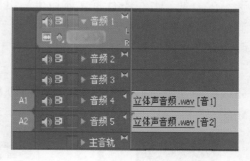

图5-42

（2）在打开的"源声道映射"窗口中，当前音频的轨道格式为立体声，可以选择单声道，单击"确定"按钮，可以看到素材在"源素材监视器"中波形图的变化，改变为单声道，如图5-41所示。

（3）将这个转换为单声道的"立体声音频"文件拖动至时间线窗口中，可以发现不能放置在立体声轨道中，同时会发现这是两个互相关联的单声道音频，如图5-42所示。

（4）如果只想把立体声音频中的某一个声道转换为单声道，可以在"源声道映射"窗口中进行设置。先在时间线上删除"立体声音频"文件，确认其没有使用。

图5-43

（5）在项目窗口中选择"立体声音频"文件，然后选择菜单命令中的"素材→音频选项→源声道映射"的命令，打开"源声道映射"窗口，将"单声道"右侧的"素材源声道"前面的小方框去掉勾选状态，这样表示只转换右声道，单击"确定"按钮。可以看到在"源素材监视器"中波形图形的变化，如图5-43所示。

（6）将只转换右声道的"立体声音频"文件放置到单声道音频轨道中，只有一个音频，如图5-44所示。

图5-44

四、立体声分离单声道

立体声转换为单声道功能给音频操作带来不少方便，此外还有将立体声分离出单声道，保持原来的音频无变化的同时产生新的单声道音频，并且新的音频可以跟Premiere中的字幕文件一样存在于Premiere的项目文件中，而无需命名保存在磁盘上。

（1）在项目窗口中选择"桃园传媒. Mpg"文件，然后选择菜单命令中的"素材→音频选项→强制为单声道"命令，这样在项目窗口中分离出来两个单声道音频"桃园传媒. Mpg 左"和"桃园传媒. Mpg右"，如图5-45、图5-46所示。

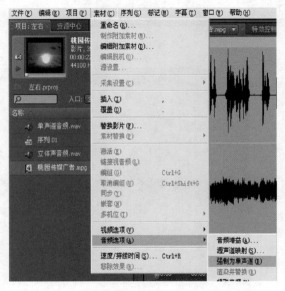

图5-45

图5-46

（2）在"源素材监视器"中分别监听两个音频，"桃园传媒. Mpg 左"为解说，"桃园传媒. Mpg 右"为背景音乐，如图5-47、图5-48所示。

活动三

操作完成，请监听每个素材的效果。详细参见"案例辅助操作视频"文件夹中的操作视频。

课后练习 · · · · · · · · · · · · · · ·

根据案例步骤，将单声道转换为立体声、将立体声转换为单声道。

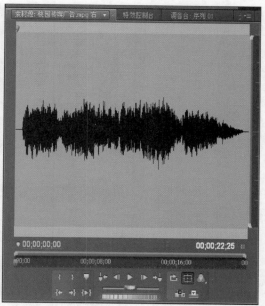

桃园传媒. Mpg左

图5-47

桃园传媒. Mpg 右

图5-48

任务四　制作奇异音调

任务概述

视频素材中有速度的变化,同样在音频中也有改变声音时间长度和声音速度的处理。这里将对声音变调和声音变速进行分别介绍。

活动一

观看本任务最终效果,请讨论本任务的操作要点。

活动二

根据操作步骤完成本任务案例。

(1)新建项目文件,设置好参数(参考设置DV-PAL、标准48 Hz)。

(2)导入"实作素材/5-4/素材"文件夹中的"桃园传媒"素材。在"源素材监视器"中以音频波形的方式查看。可以看出两个声道音频的波形图,左声道为解说词,右声道为配乐,如图5-49所示。

图5-49

一、声音的声调的调整

（1）拖动素材到时间线中。右击"桃园传媒"调出快捷菜单，选择"解除视音频链接"，将其视频和音频分离，如图5-50所示。

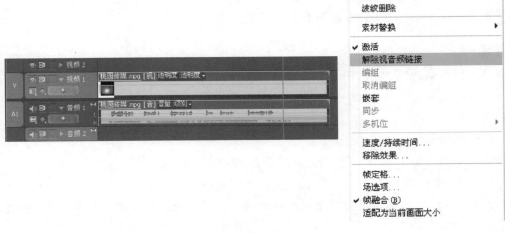

图5-50

（2）"使用左声道"特效到"桃园传媒"音频上。监听效果，这时音频只有左声道，即只播放解说，如图5-51所示。

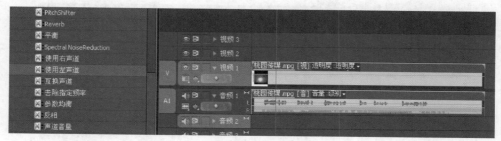

图5-51

（3）复制"桃园传媒"音频部分，按"Ctrl+C"键复制，再单击音频2轨道使其处于高亮状态，将时间线移至开始处，按"Ctrl+V"键粘贴，这样在音频2轨道上复制了声音，如图5-52所示。

图5-52

（4）给该段音频添加"使用右声道"特效。监听效果，这时音频只有配乐，如图5-53所示。

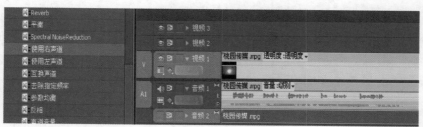

图5-53

（5）为了便于区分，对两段音频素材重新命名，如图5-54、图5-55所示。

图5-54

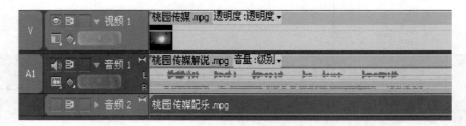

图5-55

（6）在"效果→音频特效→立体声"下，拖动"PitchShifter"（音调变换）特效到"桃园传媒解说"上，为其添加一个音频变换特效。在"特效控制台"中展开"PitchShifter"（音调变换）特效。在"自定义设置"下，将Pitch下的旋钮向左旋转至"-8"，并确认"Format Preserve"被勾选上。监听播放效果，"桃园传媒解说"的音调被降低，解说变得更加低沉了，如图5-56所示。

图5-56

知识窗 • • • • • • • • • • • • •

"PitchShifter"（音调变换）特效的主要设置有两个，Pitch可以调节音调的高低，"Format Preserve"则用来控制类似卡通声音效果和振鸣效果。将Pitch向右旋转至5，并去掉"Format Preserve"的勾选，监听播放效果，"桃园传媒解说"的音调被提高，解说变得类似卡通的效果。

二、声音的变速效果

（1）拖动"桃园传媒"到时间线视频1轨道的后面，如图5-57所示。

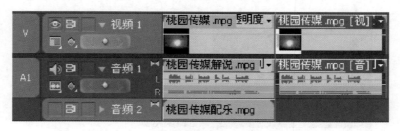

图5-57

（2）选中第二段素材，按"Ctrl+R"键，打开"素材速度/持续时间"对话框。将速度更改为80%，单击"确定"按钮，监听播放效果，"桃园传媒"的视频和音频播放都变慢，同时音调被降低，解说变得低沉和缓慢，如图5-58、图5-59所示。

图5-58   图5-59

（3）反之将速度更改为"120%"，单击"确定"按钮，监听播放效果。"桃园传媒"的视频和音频播放都变快，同时音频被提高，解说变快，声音变尖。如果选中"保持音调不变"，那么视频和音频的速度都变化，但是音调不会改变。如图5-60、图5-61所示。

图5-60   图5-61

活动三

操作完成，请监听每个素材的效果。详细参加操作视频。

课后练习・・・・・・・・・・・・

制作完成"搞怪音乐"案例。

模块六 字幕的处理与应用

模块综述

　　现在的影视作品中经常会出现字幕。字幕已经成为影视作品的重要组成部分。不同的影视作品，字幕种类也不同。要成为一名合格的影视制作人员，需要掌握字幕的制作方法以及应用。Adobe Premiere CS4中可以创建各种常见字幕，有丰富的字幕样式风格供制作人员使用。

　　学习完本模块后，你将能够：
- 掌握常用静态字幕创建的方法；
- 掌握常用动态字幕创建的方法；
- 掌握字幕窗口绘制图形的方法；
- 掌握利用字幕制作片尾的方法；
- 掌握利用字幕制作倒计时的方法。

任务一　制作常用静态字幕

任务概述

　　该任务通过制作简单的字幕，让大家迅速掌握静态字幕制作的基本流程，掌握如何修改字幕的属性，创作出各种各样特殊的字幕效果。

活动一

观看本任务最终效果（如图6-1—图6-4所示），请讨论本任务的操作要点。

图6-1

图6-2

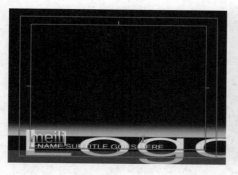
图6-3

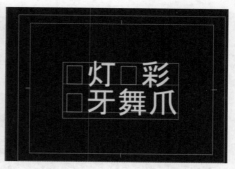
图6-4

活动二

根据操作步骤完成本任务案例。

一、制作简单静态字幕

（1）新建项目文件，设置好参数（选择DV-PAL中的Standard 48 Hz）。

（2）选择"文件→新建→字幕"命令，调出对话框，输入字幕的名称后，打开字幕编辑窗口，如图6-5—图6-7所示。

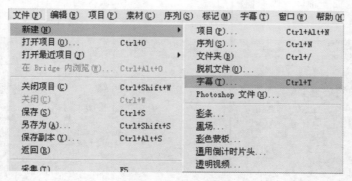
图6-5

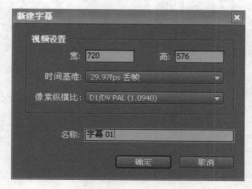
图6-6

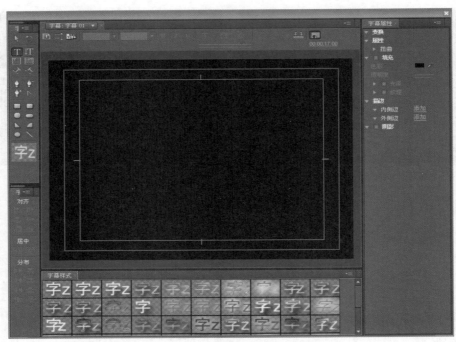

图6-7

（3）选中"文字输入"工具 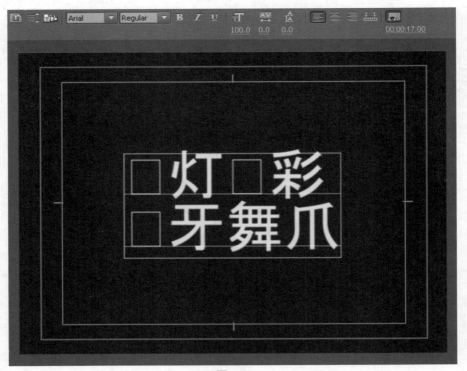，在字幕编辑窗口中输入"张灯结彩""张牙舞爪"，如图6-8所示。

图6-8

上面出现不能识别的符号，这是Adobe Premiere CS4在创建字幕时，默认的字体不能识别某些中文字体的原因造成的。要改变这一状况，需在字幕属性面板中修改字体的样式。在Adobe Premiere CS4中带有中文字体，不过是以英文字母的方式显示在字体菜单的末尾，需要耐心寻找，如图6-9、图6-10所示。

图6-9

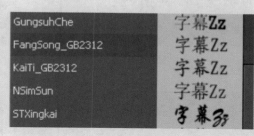

图6-10

（4）关闭字幕编辑窗口，可以发现字幕会自动出现在项目窗口中，如图6-11所示。

（5）拖地字幕到时间线视频1轨道，如图6-12所示。

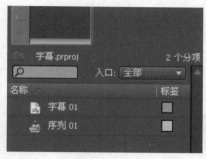

图6-11

图6-12

（6）简单的静态字幕制作好了。

二、制作沿路径弯曲的字幕

（1）新建字幕，打开字幕编辑窗口。找到"路径类型工具" 。使用"路径类型工具"在字幕编辑区单击，添加第一个锚点，如图6-13所示。

（2）移动鼠标到另外一处并单击，添加第二个锚点，此时两个锚点之间成一条直线，如图6-14所示。

（3）在工具栏中单击"添加锚点"工具 。使用"添加锚点"工具在形成的直线之间添加一个锚点，如图6-15所示。

（4）在工具栏中选中"钢笔工具" 。使用"钢笔工具"移动路径中间的锚点位置，路径的形状就发生了改变，如图6-16所示。

图6-13　　　　　　　　　　　　　　　图6-14

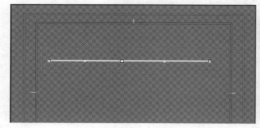

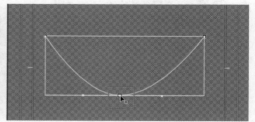

图6-15　　　　　　　　　　　　　　　图6-16

（5）重新单击"路径输入"工具，在第一个锚点处单击，就出现了输入文字光标，如图6-17所示。

（6）输入文字"张灯结彩、张牙舞爪"，可以看到文字是跟随路径排列的，如图6-18所示。

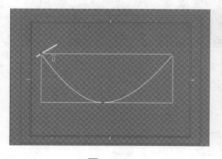

图6-17　　　　　　　　　　　　　　　图6-18

（7）根据需要对字体属性进行编辑，如图6-19所示。

（8）使用"钢笔工具" 、"添加锚点"工具 和"转换锚点工具" 等，调节路径形状，可以看到文字按路径形状的排列，如图6-20所示。

（9）拖动字幕到时间线窗口视频2轨道，在项目监视器中观看字幕效果，如图6-21所示。

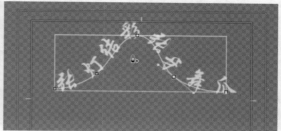

图6-19　　　　　　　　　　　　　　　　图6-20

图6-21

三、制作带回光效果的字幕

（1）新建字幕文件，打开字幕编辑窗口。输入文字"盛夏的果实"，修改字体为中文字体，如图6-22所示。

图6-22

（2）在字幕编辑窗口下方有很多Adobe Premiere CS4自带的风格样式。选择合适的字幕风格样式。对选中的风格样式右击，在调出的快捷菜单中选择"仅应用色彩及效果特性样式"。如图6-23、图6-24所示。

（3）在"字幕属性"窗口中对该风格样式进行修改。在"阴影"选项栏中，取消选择"阴影"，此时字幕效果如图6-25所示。

（4）在"填充"选项中选择"光泽"复选框，设置其尺寸为"79"，角度为"13"，如图6-26、图6-27所示。

图6-23

图6-24

图6-25

图6-26

图6-27

（5）关闭字幕窗口，拖动项目窗口中的字幕到时间线视频轨道中，如图6-28所示。

（6）拖动"效果→特效→风格化→Alpha辉光"特效到该字幕上，如图6-29所示。

图6-28

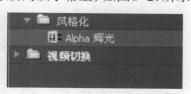

图6-29

（7）打开该字幕的特效控制面板，修改该特效的相关参数，如图6-30所示。

（8）这样就得到带辉光的字幕，如图6-1所示。

四、利用字幕模板创建字幕

在Adobe Premiere CS4中提供了很多字幕模板，并已经搭配好颜色、字体、布局效果很不错的字幕模板。在使用过程中也可以使用软件提供的各种字幕模板，来提高创作的速度。

图6-30

（1）字幕模板的位置在字幕编辑区的上方，如图6-31所示。

图6-31

（2）单击"模板"按钮 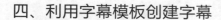 打开模板面板，如图6-32所示。

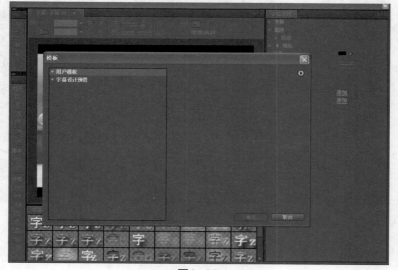

图6-32

（3）单击你所需要的效果，在右边的窗口中查看缩览图，如图6-33所示。

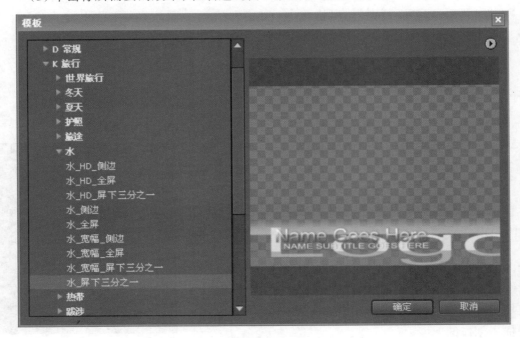

图6-33

（4）单击"确定"按钮，回到字幕编辑窗口，如图6-34所示。

图6-34

（5）在可编辑对话框中输入你想要的文字，如图6-35所示。

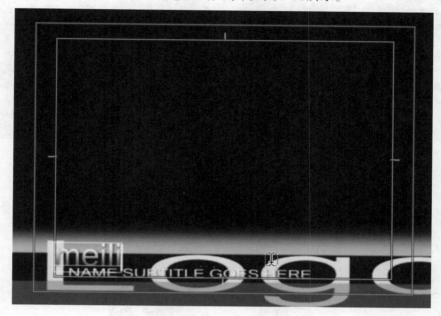

图6-35

课后练习・・・・・・・・・・・・

（1）制作完成"简单静态字幕""沿路径弯曲的字幕""带回光效果的字幕""利用字幕模板创建字幕"案例。

（2）根据图6-36—图6-40所示效果，分别制作下面的字幕，并把每个效果输出成一张图片。

图6-36

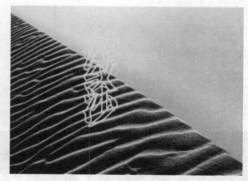

图6-37

图6-38

图6-39

图6-40

任务二　制作常用动态字幕

任务概述

本例利用字幕类型、文字工具和特效控制面板分别制作不同的动态字幕,用不同的操作方法实现同样的效果。学习、领会、融会贯通地使用该软件。

活动一

观看本任务最终效果,如图6-41—图6-43所示,请讨论本任务的操作要点。

图6-41

图6-42

图6-43

活动二

根据操作步骤完成本任务案例。

一、制作滚动字幕

（1）新建项目文件，设置好参数（选择DV-PAL中的Standard 48 Hz）。

（2）新建字幕文件，在字幕编辑区中输入古诗《静夜思》，如图6-44、图6-45所示。

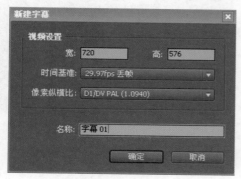

图6-44

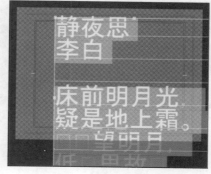

图6-45

（3）对字幕文字进行编辑，如图6-46所示。

（4）单击"滚动/游动选项"按钮，调出"滚动/游动选项"对话框，选中"滚动"单选项，如图6-47所示。

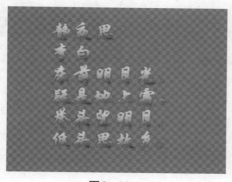

图6-46

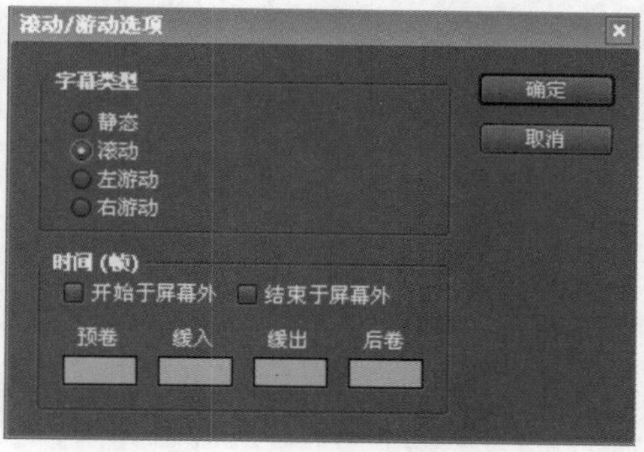

图6-47

（5）单击"确定"按钮后，在项目窗口中可以发现"字幕01"成为一个视频文件，如图6-48所示。

（6）拖动"字幕01"到时间线视频1轨道上，观看其效果。发现该字幕仍然为静止不动的，如图6-49所示。

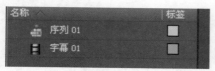

图6-48

图6-49

（7）再次调出"滚动/游动选项"对话框，如图6-50所示。

（8）勾选"开始于屏幕外"和"结束于屏幕外"两个复选框后，如图6-51所示。拖动"字幕01"到时间线视频1轨道上，观看其效果，发现字幕从屏幕下方滚动到屏幕上方，如图6-41—图6-43所示。

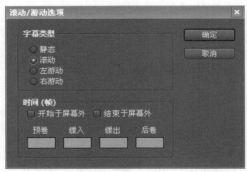

图6-50　　　　　　　　　　　　　　　　图6-51

知识窗 · · · · · · · · · · · · · · · ·

（1）在滚动字幕中，想改变字幕从屏幕下方滚动到屏幕上方的速度，只需要在视频1轨道中改变"字幕01"的时间长度即可，如图6-52、图6-53所示。

图6-52　　　　　　　　　　　　　　　　图6-53

（2）如果只勾选"开始于屏幕外"复选框，那么字幕会从屏幕下方开始滚动，结束于字幕创建的初始位置。反之，如果只勾选"结束于屏幕外"复选框，那么字幕会从字幕创建的初始位置开始滚动直到出屏幕。如图6-54所示。

（3）如果希望字幕从屏幕之外滚入，结束时不滚出屏幕，并且能在屏幕中停留一段时间，那么同样只勾选"开始于屏幕外"复选框，并且在后卷中输入"50"。这里的"50"代表停留50帧，即2 s（因为DV-PAL制的项目文件，25帧为1 s）。如果字幕为5 s，那么字幕滚动时间为3 s，到最后在画面中停留2 s，如图6-55所示。

（4）对于字幕的滚动，可以制作成变速运动。不过字幕必须要大于一个屏幕设置的时间才可以使设置生效，如图6-56所示。

不勾选"开始于屏幕外"和"结束于屏幕外"两个选项。

● 预卷：在字幕滚动前停留的时间。

● 缓入：在多少帧的长度内加速。

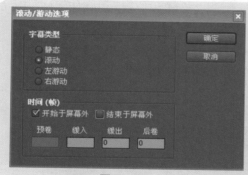

图6-54

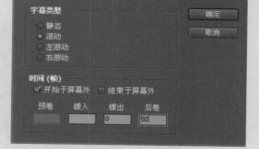

图6-55

● 缓出：在多少帧的长度内减速。

● 后卷：字幕滚动后停留的时间。

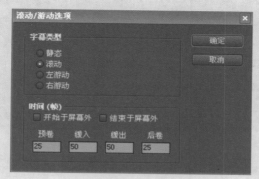

图6-56

上图的字幕持续时间为10 s，那么字幕至少持续时间要10 s及以上。那么图6-56的值表示在滚动前停留1 s，第1~3 s内加速，滚动至第7~9 s内减速，并在第9 s停止滚动，到第10 s结束。

二、制作游动字幕

掌握了滚动字幕的做法，再来学习游动字幕就简单了。利用《爱莲说》来制作游动字幕效果。

（1）观看最终效果，如图6-57、图6-58所示。

图6-57

图6-58

（2）新建字幕，打开字幕编辑窗口。输入文字调整格式和位置，得到如图6-59所示的效果。

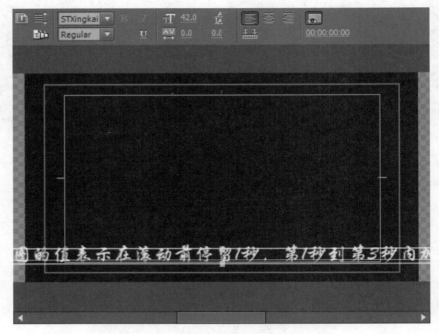

图6-59

（3）单击"滚动/游动选项"按钮，调出"滚动/游动选项"对话框，选中"左游动"单选项，单击"确定"按钮，如图6-60所示。

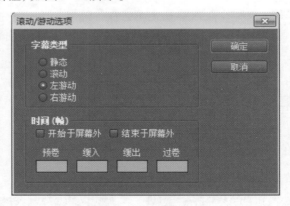

图6-60

（4）拖动"字幕01"到时间线视频1轨道上，观看其效果，如图6-57、图6-58所示。

本任务所有的操作请详细观看本书"案例辅助操作视频"文件夹中配套的操作视频。

除了利用"滚动/游动选项"来制作滚动和游动字幕,还有其他方法可以制作类似效果的字幕吗?

课后练习 ·············

(1)根据该任务的操作步骤完成该任务。
(2)利用"离离原上草"这首古诗分别制作从上到下的变速滚动字幕和从左到右的变速游行字幕。

任务三 制作节目预告

任务概述

运用字幕窗口中的创建图形工具介绍如何创建图形。对于分散的文字和图形,使用对齐和排版功能将其整齐规范的排列。

活动一

观看本任务最终效果(如图6-61所示),请讨论本任务的操作要点。

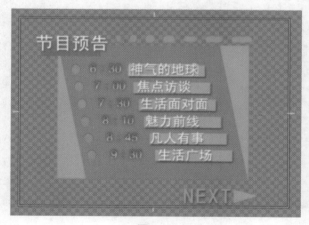

图6-61

活动二

根据操作步骤完成本任务案例。

（1）新建项目文件，设置好参数（参考设置DV-PAL、标准48 Hz）。

（2）在项目窗口中新建字幕，打开字幕窗口。

（3）在字幕窗口中，选择"矩形工具" 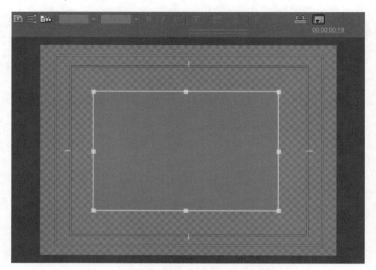，在字幕窗口中间创建矩形图形，颜色填充为RGB(65, 125, 135)，如图6-62所示。

图6-62

（4）用矩形工具在窗口的左上角和右下角分别创建两个矩形，颜色分别为RGB（15, 95, 200），RGB（40, 80, 220），如图6-63所示。

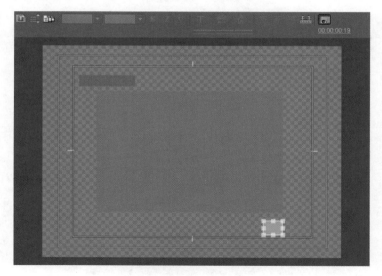

图6-63

（5）选中右下角的矩形，在属性面板中修改扭曲Y值为"100%"，使其变成三角形，如图6-64、图6-65所示。

图6-64

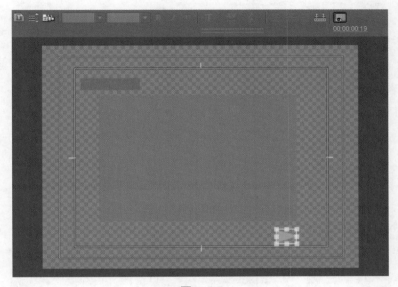

图6-65

（6）选择"三角形"工具，在两边创建两个楔形。颜色为RGB（40，80，220），如图6-66所示。

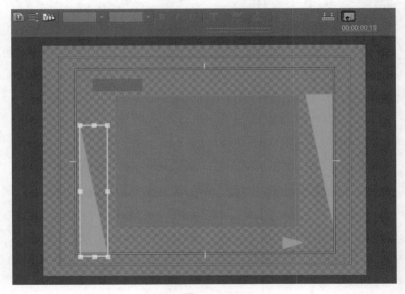

图6-66

（7）输入文字内容。为了方便调整，最好每个文字为独立的，即分别输入单个文字，如图6-67所示。

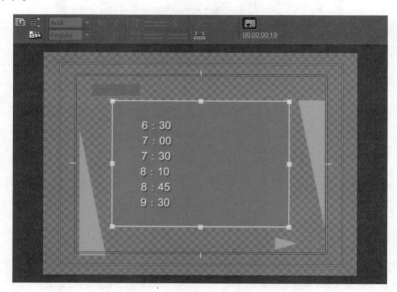

图6-67

（8）给文字添加应用样式，按住"Shift"键，同时选中几个文字。利用"水平平均"按钮▮▮，调整好文字之间的距离，如图6-68所示。

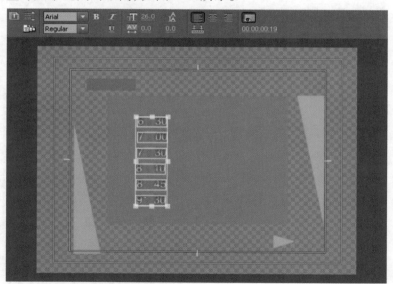

图6-68

（9）再输入文字，利用同样的方法进行排版，如图6-69所示。

（10）加入其他图形元素和文字。颜色分别是RGB(245，100，0)和RGB(65，180，135)，如图6-70所示。

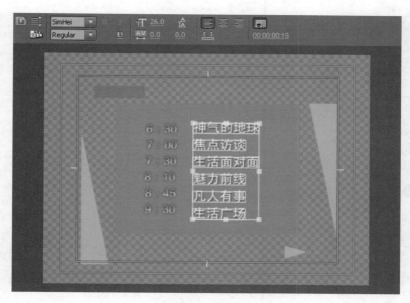

图6-69

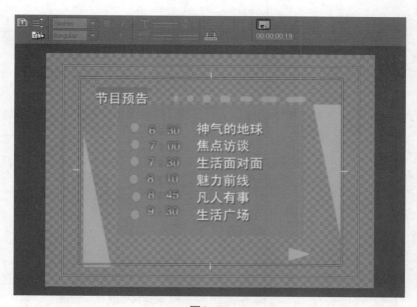

图6-70

（11）调整图形和文字的版式。利用水平平均 、垂直平均 等字幕动作面板下的选项来调整各个图形和文字在屏幕中的位置，如图6-71、图6-72所示。

（12）完善图形和文字，如图6-73所示。

（13）利用字幕窗口中各个文字和图形的摆放顺序来调整最终效果。选中所有你需要调整的图形或者文字，如图6-74、图6-75所示。

图6-71

图6-72

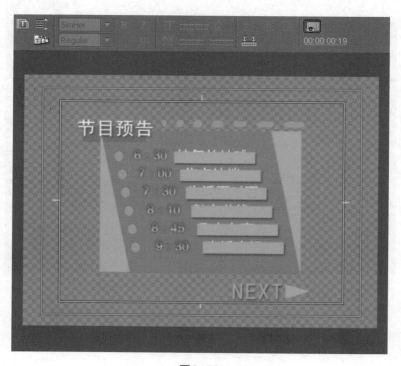

图6-73

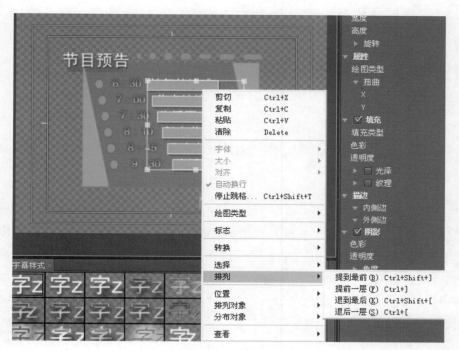

图6-74

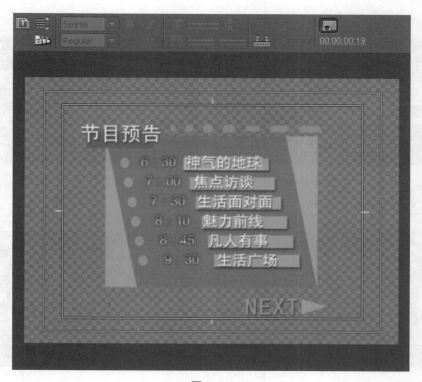

图6-75

制作完成"绘制图形"案例。

任务四　利用字幕制作片尾

任务概述

影视节目的结尾一般要加上影视节目中的演员、工作人员、赞助单位等相关信息，也称为片尾。本任务学习的内容是节目片尾的制作方法。从普通的片尾到具有"摆入"效果的片尾制作。"摆入"效果通常用于影视节目的片尾，运用广泛，实用性强。通过本任务的学习可以提高自己的制作水平、提升影视节目制作中的技术含量，也为影视节目增加动感，更加富有吸引力。

活动一

观看本任务最终效果（如图6-76—图6-79所示），请讨论本任务的操作要点。

图6-76

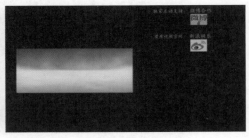

图6-77

摆入字幕片尾。

图6-78

图6-79

活动二

根据操作步骤完成本任务案例。

一、利用滚动字幕制作片尾

（1）新建项目文件，设置好参数（参考设置DV-PAL、标准48 Hz）。

（2）导入"实作素材/6-4/素材"文件夹，拖动"老妇人与死神.Flv"到"视频1"轨道中，修改其大小适配当前画面，如图6-80所示。

图6-80

（3）利用剃刀工具，保留"老妇人与死神.Flv"素材"00:07:00:23至00:07:32:20"部分，清除其余部分，如图6-81所示。

（4）拖动该段素材到时间线起始位置，并把视频放在视图左侧，在"控制面板"中调整"位置"和"缩放比例"的参数，如图6-82所示。

（5）新建默认滚动字幕"01"，设置滚动时间"结束于屏幕外"，如图6-83所示。

（6）在字幕"01"中输入文字，修改"字幕属性"中参数，如图6-84所示。

（7）设置标题行距为"25"，字体为"SimHei"，字体大小为"17"，如图6-85所示。

（8）设置其余行距为"25"，字体为"SimHei"，字体大小为"20"，如图6-86所示。

（9）选中文字框设置X位置为"799.0"，Y位置为"1665"，如图6-87所示。

（10）插入图标，右击在弹出的快捷菜单中选择"标志→插入标志"命令。插入金鹰娱乐官网、网络娱乐、微博合作、新浪娱乐的图标。所有图标宽为"74"，高位为"50"，X位置为"828"，如图6-88所示。

图6-81

图6-82

图6-83

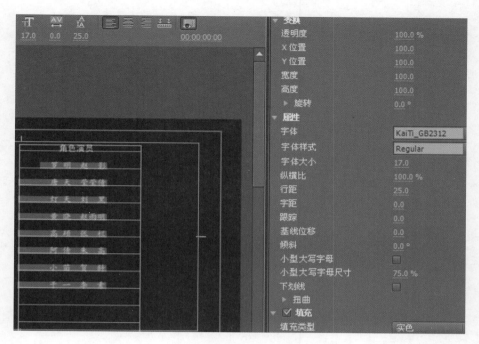

图6-84

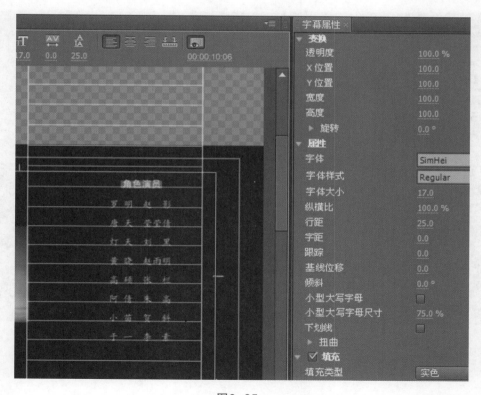

图6-85

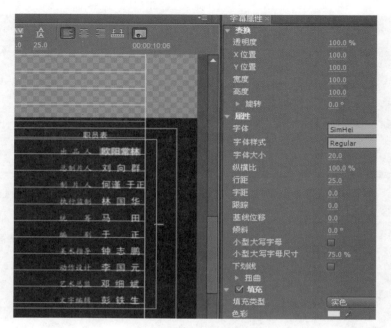

图6-86

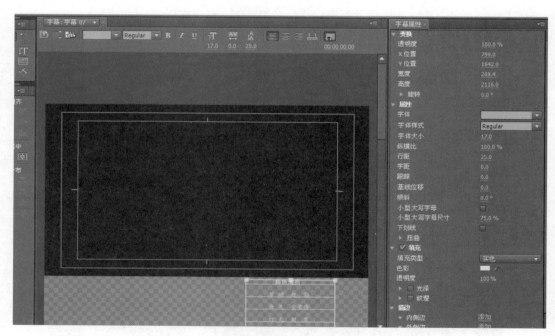

图6-87

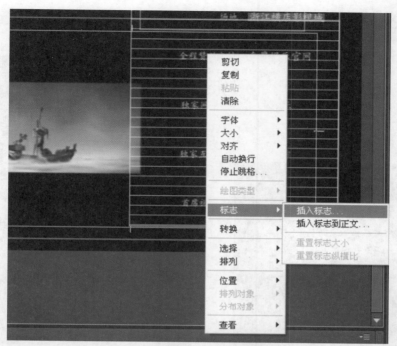

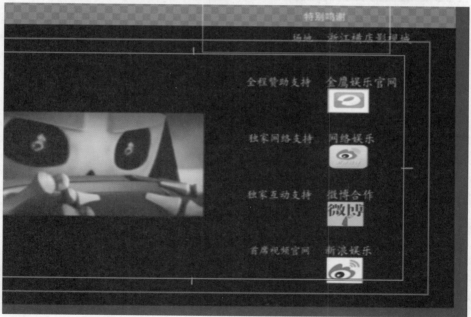

图6-88

（11）将"字幕01"拖入到"视频2"轨道当中，修改其持续时间为"00:00:32:03"，如图6-89所示。

（12）预览会发现视频左上角有"土豆网"3个字，加"裁剪"特效去掉图标。在参数设置如图6-90所示。

图6-89

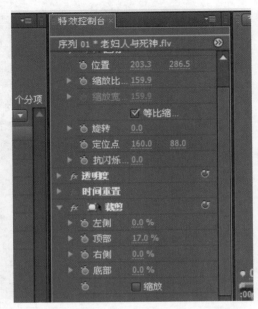
图6-90

（13）最后预览效果，输出作品。

二、利用摆入特效制作片尾

（1）导入"实作素材/6-4/"素材文件夹中的"片尾"素材，放入在"视频1"轨道中，使用"剃刀工具"在00:01:54:12处剪辑成两段，并将后一段视频拖入到"视频2"轨道中，在第一段视频末尾处加上"摆入效果"，参数如图6-91所示。

（2）后一段视频素材入点处加入摆入效果，参数如图6-92所示。

（3）新建滚动字幕，时间开始为屏幕外，结束为屏幕外，如图6-93所示。

（4）输入文字如图6-94所示。

（5）修改文字参数如图6-95所示。

（6）拖动"字幕01"到"视频03"轨道中，修改"字幕01""速度/持续时间"为"00:00:22:04"。最后将"字幕01"的出点与视频的出点对齐，播放观其效果，如图6-96所示。

（7）最后预览效果，输出作品。

本任务所有的操作请详细观看本书配套的操作视频。

图6-91

图6-92

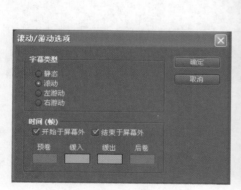

图6-93

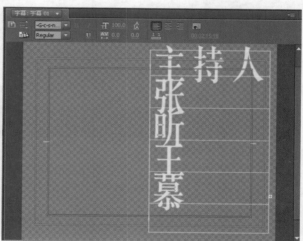

图6-94

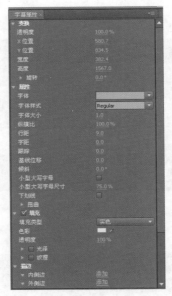

图6-95

图6-96

课后练习 ･ ･ ･ ･ ･ ･ ･ ･ ･ ･ ･ ･ ･ ･

（1）制作完成"滚动字幕片尾"案例。

（2）制作完成"摆入片尾"案例。

模块七 综合案例

模块综述

　　影视作品制作中的各个环节已经熟练掌握，我们现在要开始化零为整，利用我们学习的知识来搭建摩天大厦。本模块通过3个综合案例从影片的剪辑、特效、字幕等方面全方位介绍了在实际工作中影视作品的制作。

　　学习完本模块后，你将能够：
- 掌握常用制作简单电影片头的方法；
- 掌握常用制作影视节目片头的方法；
- 掌握字常用制作商业作品的方法。

任务一　制作我愿意电影片头

任务概述

　　一部好的电影一定会有一个好的片头。制作好的片头一般需要很多动画软件，比如AE等。通过利用影视剪辑软件Premiere CS4制作电影《我愿意》的片头来体验一下。本实例运用蒙太奇的剪辑手法，将素材进行整合；运用文字的运动关键帧制作出文字特效；运用新建序列的操作，使剪辑变得更加的方便清晰。

活动一

观看本任务最终效果（如图7-1—图7-4所示），请讨论本任务的操作要点。

图7-1

图7-2

图7-3   图7-4

活动二

根据操作步骤完成本任务案例。

一、新建项目文件

设置好参数（参考设置DV-PAL、标准48Hz）。项目命名为"我愿意电影片头"，序列名称改为"总合成"。

二、剪辑素材

（1）导入"实作素材/7-1/素材/视频原素材"文件夹中素材。以每一个演员的名字建立一个序列。分别命名"孙红雷""李冰冰""段奕宏"的3段时间线，拖动孙红雷的相关视频到"孙红雷"时间线的"视频1"轨道中。用"剃刀"工具把孙红雷视频分成3段，如图7-5所示。

图7-5

（2）利用"波纹删除"去掉视频头尾两段，如图7-6所示。

（3）放大时间线的缩放比例，用"剃刀工具"截取最后一帧，并将最后一帧的持续时间设置为"00:00:02:04"，如图7-7所示。

图7-6

图7-7

（4）举一反三，用相同的方法处理"李冰冰"时间线中的李冰冰视频部分，截取保留视频部分的最后一帧，调整持续时间为"00:00:02:04"；"段奕宏"时间线中段奕宏视频部分，截取保留视频部分的最后一帧，调整持续时间为"00:00:02:04"。

（5）新建"片头"序列，将"实作素材/7-1/视频原始素材"文件夹中的"片头.avi"的视频素材拖到"片头"序列"视频1"轨道中。用"剃刀"工具把视频分成3部分，把视频最后一帧截取，重命名为"片头单帧"。将其拖入到"视频2"轨道中，删除音频。修改"片头单帧"持续时间为"00:00:06:05"，如7-8图所示。

图7-8

（6）选中"视频1"中的片段，用"剃刀"工具在时间为00:00:49:01处单击，把视频分为两段，将剪切的后面一段清除，如图7-9所示。

（7）将片头单帧放入在两个片段中间，单击片段前方选择清除波纹，如图7-10所示。

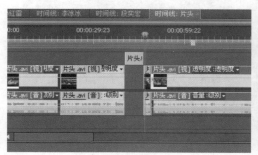

图7-9　　　　　　　　　　　　　　　　　　　图7-10

（8）导入"实作素材/7-1/素材"文件夹中的片段1素材并拖入到"总合成"时间序列的"视频1"轨道中，然后将剪辑好的素材"孙红雷""李冰冰""段奕宏""片头"依次放在"片段1"素材后，并将"孙红雷""李冰冰""段奕宏"音频部分删除，如图7-11所示。

（9）将视频1中的"片头"解除视音频链接，在片头音频的00:01:13:19和00:01:20:00处分别用"剃刀"工具，把"片头"音频频分成3段剪断，清除中间的音频保留其余两段所在位置，如图7-12所示。

图7-11　　　　　　　　　　　　　　　　　　　图7-12

（10）图片与视频之间的切换过于生硬，加入视频切换特效来使切换更自然。在"孙红雷"单帧与"李冰冰"视频中间加入"推"的切换效果，参数如图7-13所示。

（11）在"段奕宏"单帧与"片头"视频中间加入"推"的效果，参数如图7-14所示。

完成视频的剪辑后，接下来进行音乐的剪辑。

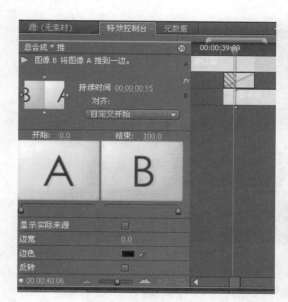
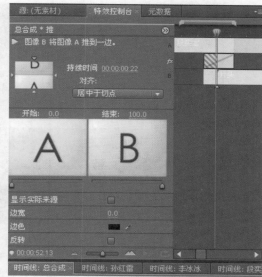

| 图7-13 | 图7-14 |

三、编辑音乐素材

（1）导入"实作素材/7-1/素材/音乐"文件夹中的歌曲《形影不离》，分别将00:00:03:08以前的部分，拖入音频2轨道中并命名为"音乐1"。将00:00:37:18以前部分和在00:03:27:03以后部分拖入音频2轨道中并放置到"音乐1"，如图7-15所示。

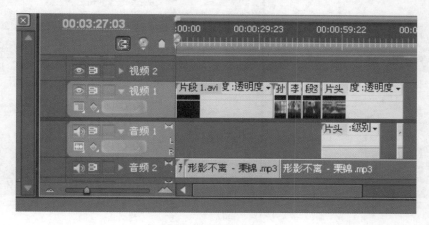

图7-15

（2）将两个片段无间隙地放在一起，如图7-16所示。

（3）最后将"音频2"中的中间片段命名为"音乐2"，最后片段命名为"音乐3"，如图7-17所示。

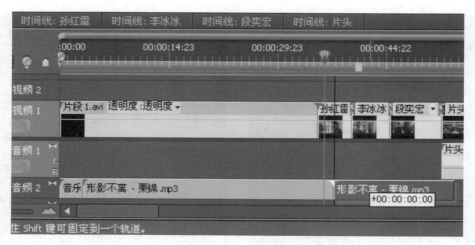

图7-16

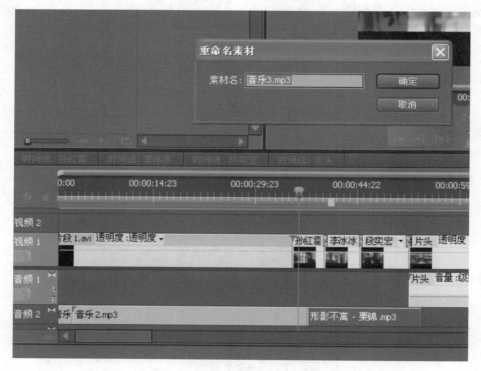

图7-17

四、添加字幕

（1）为了方便编辑字幕，在项目面板中新建一个命名为"字幕"的文件夹。在"字幕"文件夹中新建字幕，在素材Word文档"片头内容"中找到"领衔主演"4个字、复制到"字幕"的编辑窗口中，如图7-18所示。

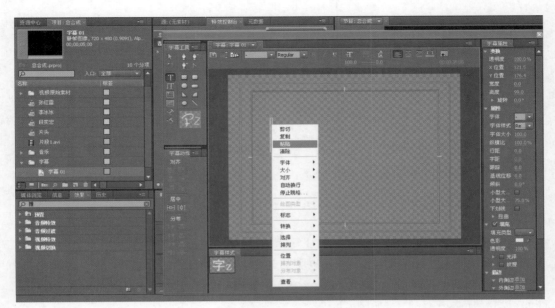

图7–18

（2）选中"领衔主演"几个字将字体改为"Jxiaolisu"、字号为"16"、颜色为白色；X,Y(158，192)、在字幕属性中勾上阴影，将角度改为"90°"，距离为"4"，如图7–19所示。

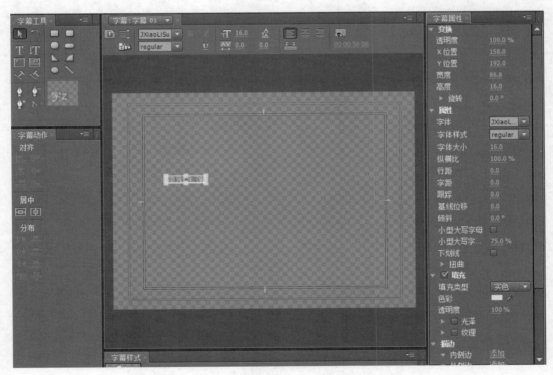

图7–19

（3）新建"字幕02"，同样在Word中复制"孙红雷"三个字到"字幕02"的编辑区。选中字幕，将字体改为"Jxiaolisu"字号为"18"；颜色为白色；X，Y（209，235）；在字幕属性中勾上阴影将角度改为"90°"，距离为"4"。如图7-20所示。

图7-20

（4）将"字幕01"拖入到视频2轨道中，单击右键选择持续时间为00：00：02：04，然后将字幕的出点与视频轨道1中的"孙红雷"出点对齐。将"字幕02"拖入到视频3轨道中持续时间改为00：00：02：04。使"字幕02"的入点与"字幕01"的入点对齐，如图7-21所示。

（5）选中视频轨道2中的"字幕01"，单击设置"位置"关键帧的按钮，并在"字幕01"入点处修改"位置"参数为（138，240）；将时间帧移到00：00：38：03处，再修改"位置"参数为（360，240），此时自动增加两个关键帧，如图7-22所示。

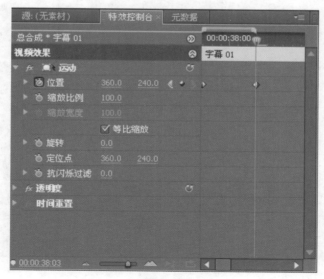

图7-21

图7-22

（6）选中视频轨道3中的"字幕02"，单击设置"位置"运动关键帧按钮，并在"字幕02"入点处修改"位置"参数为（905，240）；将时间帧移到00:00:38:03处，再修改"位置"参数为（360，240），如图7-23所示。

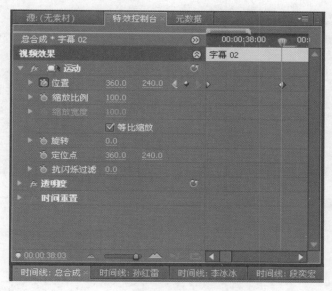

图7-23

（7）以此方法继续做出Word文档中的"领衔主演李冰冰"、"领衔主演段奕宏"的字幕运动效果，放置在相应的位置，如图7-24所示。

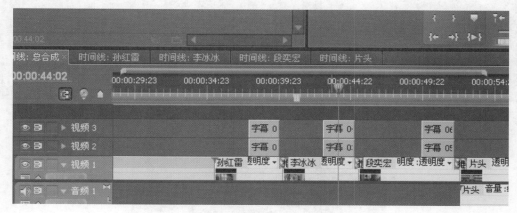

图7-24

（8）将剩余字幕也按此方法完成，但持续时间改为00:00:02:20，字幕位置的摆放运动速度以蒙太奇手法剪辑完成，如图7-25所示。

（9）导入"实作素材/7-1/素材/PS"文件夹中的PSD文件，将"图片1"放入到视频轨道2中，将"愿"图片放到视频3中，将"我"图片放入轨道4中，将"意"图片放在轨道5中，图片的入点都设为00:01:14:16。选中所有图片，修改持续时间改为00:00:05:09，如图7-26、图7-27所示。

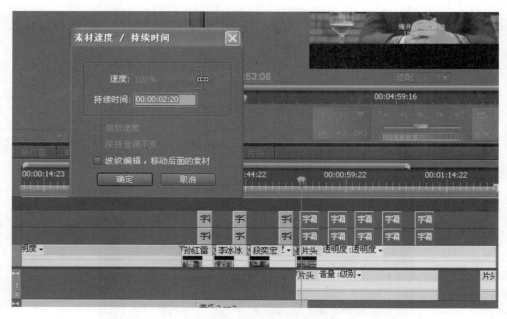

图7-25

图7-26

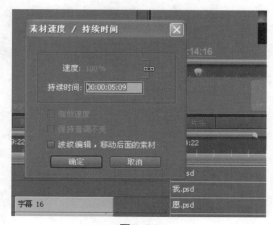

图7-27

（10）选中视频轨道2中的"图片1"，加入"旋转"切换效果，修改持续时间为15帧，并在"图片1"末尾加上"页面滚动"切换效果，如图7-28所示。

图7-28

（11）选中视频轨道4中的"我"图片，单击设置"位置"运动关键帧按钮，在00:01:15:11处修改参数为（435，-22）；在00:01:16:13修改参数为（435，240）；在00:01:16:18处修改参数为（360，240），此时自动生成3个"位置"的关键帧。

单击设置"旋转"运动关键帧按钮，在00:01:15:11处修改旋转的参数为"-15°"；在00:01:16:15修改旋转的参数为"12°"；在00:01:16:19处修改旋转参数为"0°"，此时自动生成3个"旋转"的关键帧。最后在图片的末尾加上页面滚动效果，如图7-29所示。

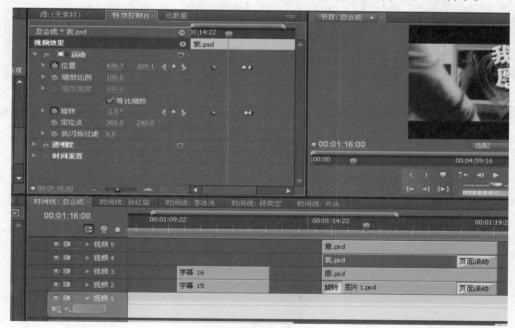

图7-29

（12）选中视频轨道5中的"意"图片，单击设置"位置"运动关键帧按钮，在00:01:15:11处修改参数为（324，-40）；在00:01:16:12处修改参数为（324，240）；在00:01:16:18处修改参数为（360，240），此时自动生成3个"位置"的关键帧。

单击设置"旋转"运动关键帧按钮，在00:01:15:11处修改旋转的参数为"15°"；在00:01:16:15处修改旋转的参数为"-13°"；在00:01:16:20处修改旋转的参数为"0°"，此时自动生成3个"旋转"的关键帧。最后在图片的末尾加上页面滚动效果。

（13）选中视频3里的"愿"图片，单击设置"缩放比例"运动关键帧按钮，在00:01:16:10处修改参数为"0"；在00:01:16:17处修改参数为"100"，此时自动生成两个"缩放比例"关键帧。在图片的末尾加上"页面滚动"效果，如图7-30所示。

图7-30

（14）观看此时效果时，可以看到图片出来的文字一直在屏幕上方，如图7-31所示。

（15）这不是我们所要的效果，我们需要文字在图片出来的时候不会出现在画面中。这时新建字幕命名为"黑条"，在字幕工具中选中矩形工具在空白处画一个长方形宽度为"670"、高度为"77"、颜色为黑色、X，Y（327.1，38.5），如图7-32所示。

（16）将黑条拖入到视频6轨道中，入点与出点与"意"图片对齐，如图7-33所示。

（17）将音效拖入到音频2轨道中，入点为00：01：13：19，在00：01：18：16和00：01：19：13处用"剃刀工具"剪成3段，将中间部分删除，如图7-34所示。

图7-31

图7-32

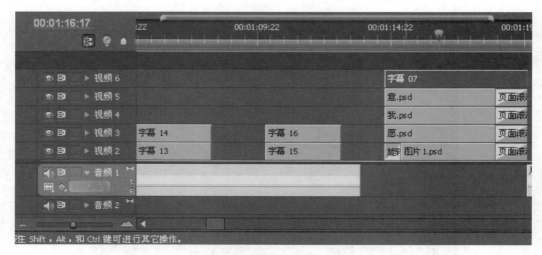

图7-33

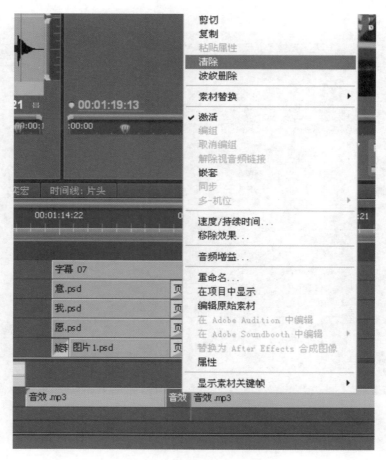

图7-34

（18）将后一段音效与前一段音效合在一起，如图7-35所示。

图7-35

（19）在第二段音效中的00：01：19：23处，用"剃刀"工具剪断，删除后面部分。最后在音效末尾加上"指数型淡入淡出"效果，将效果持续时间改为15帧，如图7-36所示。

图7-36

（20）最后预览效果，输出作品，具体步骤详见"案例辅助操作视频"文件夹中的视频教程。

课后练习 · · · · · · · · · · · · · ·

制作完成"我愿意"片头案例。

任务二　制作第七传媒节目片头

任务概述

在影视节目中，增加影视节目的动感关键帧的动画必不可少。本任务把关键帧的应用提升一个高度，运用设置素材的位置、比例、透明度等参数，制作动感超强的效果。运用轨道蒙板，为影片增加了蒙版效果，让影视作品更上一个台阶。本任务将通过制作图7-37所示的影视作品来学习利用Premiere CS4制作影视节目片头的方法。

图7-37

操作步骤

1. 新建项目文件

设置好参数（参考设置DV-PAL、标准48 Hz）。项目命名为"第七传媒"。

本案例可以分为7个部分来完成，它们分别是：光环运动、卫星运动、标志运动、视频轨道蒙板制作、镜头运动制作、视频总合、总合所有素材。

2. 制作光环运动效果

（1）新建序列"光环运动"。在"项目窗口"中建名为"光环字幕"的文件夹，在此文件夹中新建"字幕01"，在"文字工具"中选择"椭圆工具"，在编辑区空白处画一个正圆：宽度为"270.8"；高度为"270.5"；调节圆上下居中；将字幕属性中的"绘图类型"设置为"打开贝塞尔曲线"；线宽为"10"，如图7-38所示。

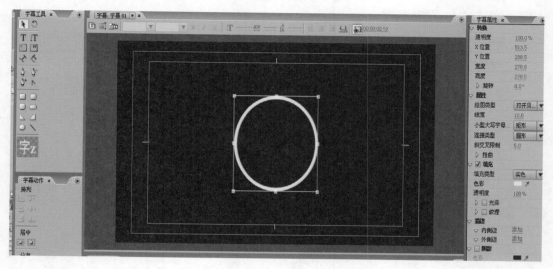

图7-38

（2）将"字幕01"拖到"视频1"轨道中，修改其持续时间为"00:00:00:20"。选中"字幕01"，为其设置"比例"关键帧动画，在0帧处修改其参数为"0"；将时间指针移动到"00:00:00:15"，修改其参数为"190"；这时自动生成两个"比例"关键帧。为其设置"透明度"关键帧动画，将时间指针移动到"00:00:00:13"，修改其参数为"100"；将时间指针移动到"00:00:00:16"，修改其参数为"0"；这时自动生成两个"透明度"关键帧，如图7-39所示。

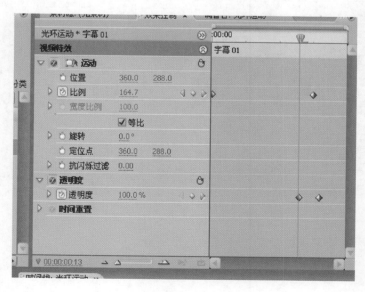

图7-39

（3）复制"视频1"轨道中的"字幕01"，将时间指针移动到"00:00:00:10"，选中"视频2"轨道将其粘贴，再将时间指针移动到"00:00:00:20"，选中"视频3"轨道将其粘贴，如图7-40、图7-41所示。

图7-40 图7-41

（4）选中时间线中所有的字幕并复制，将时间指针移动到"00:00:01:05"处，选择"视频1"轨道将其粘贴；再将时间移动到"00:00:02:10"处，选择"视频1"轨道再粘贴一次，如图7-42所示。

图7-42

（5）此时预览效果可以发现光环运动已经完成。

3. 制作卫星运动效果

（1）新建序列命名为"卫星运动"。将序列"光环运动"拖入到序列"卫星运动"中的"视频1"轨道中。导入"实作素材/7-2/素材/场景动画"文件夹中的素材，将"卫星"素材拖入到视频2轨道中，设置其持续时间为"00:00:04:00"，如图7-43所示。

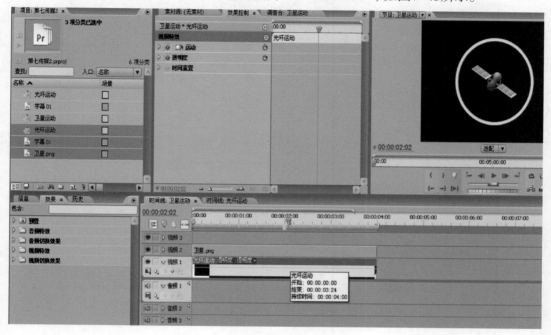

图7-43

（2）此时预览效果可以发现卫星运动已经完成。

4. 制作标志运动效果

（1）新建序列命名为"标志运动"。先将序列"光环运动"拖入到序列"标志运动"的"视频1"轨道中，再将"圆环填充"拖入到"视频2"轨道中。修改"光环运动"持续时间为"00:00:05:00"；缩放比例为"34%"。选中"圆环填充"，为其设置"透明度"关键帧动画，将时间指针移动到"00:00:02:14"帧处，修改其参数设置为"100"，将时间指针移动到"00:00:02: 16"处，修改其参数设置为"0"，这时自动生成两个"透明度"关键帧，如图7-44所示。

（2）将"圆环"拖入到"视频3"轨道中，这时大家观看"节目监视器"窗口会发现素材不见了。

选中全部素材后，向上移一个视频轨道。新建一个彩色蒙板，颜色为#727EEF，将它拖入到"视频1"轨道中，设置持续时间为"00:00:05:00"就可以看见素材，如图7-45所示。

图7-44

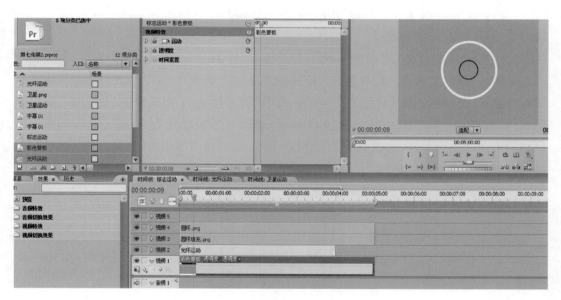

图7-45

（3）选中"圆环"素材，设置其持续时间为"00:00:05:00"。为其设置"比例"关键帧动画，将时间帧移到"00:00:02:14"，修改其参数为"32"；将时间帧移到"00:00:02:20"，修改其参数为"82"；这时自动生成两个"比例"关键帧，如图7-46所示。

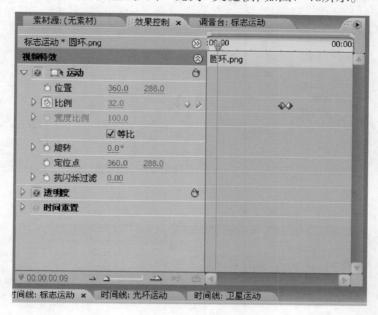

图7-46

（4）将"标志"拖入到序列"视频5"中，设置大小比例为"11"。选中"标志"，为其设置"旋转"关键帧动画，将时间帧移到0帧处，修改其参数为"0"；将时间帧移到"00:00:02:22"，修改其参数为3*0.0°（即：1080）；将时间帧移到"00:00:03:00"，修改其参数为3*0.0°（即：1080）；将时间帧移到00:00:03:03，修改其参数为3*0.0°（即：1080）；这时自动生成三个"旋转"关键帧。

为其设置"位置"关键帧动画，将时间帧移到"00：00：02:20"，修改其参数为（360,288）；将时间帧移到"00:00:03:01"，修改其参数为（399，288）；这时自动生成两个"位置"关键帧。

为其设置"比例"关键帧动画，将时间帧移到"00：00:02:14"，修改其参数为"11"；将时间帧移到"00:00:02:20"，修改其参数为"24"；将时间帧移到"00:00:03:00"，修改其参数为"20"；这时自动生成3个"比例"关键帧，如图7-47所示。

（5）在时间线面板中，序列"光环运动"下使用"剃刀"工具，将时间帧移到"00:00:03：00"处将素材一分为二。在后段素材上添加"颜色替换"特效；将"色彩替换"中的目标色改为白色，替换色为红色，设置相似性为"92"。最后，把"视频1"的"彩色蒙板"开关轨道输出关闭，如图7-48所示。

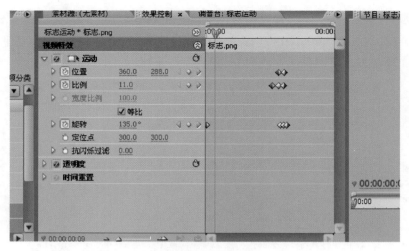

图7-47

图7-48

5. 制作视频轨道蒙板效果

（1）导入"实作素材/7-2/素材/嵌入视频"文件夹中素材。新建序列并命名为"iphone视频"，将时间帧移到"00:00:02:00"，使用剃刀工具将其一分为二，并删除后面一段的视频，如图7-49所示。

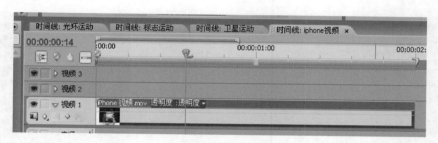

图7-49

（2）将"视频蒙板"拖入到"视频2"轨道中，缩放比例改为"74"，修改其持续时间为2秒。添加"轨道蒙板键"特效到"视频1"轨道中的视频，并在效果控制面板中将"蒙板"调成"视频2"，将合成使用调成"蒙板亮度"，如图7-50所示。

图7-50

（3）将"字幕01"拖入"视频3"轨道处，缩放比例改为"90"，持续时间为2秒。选中"字幕01"素材，为其设置"比例"关键帧动画，将时间帧移到0帧，修改其参数为"0"；将时间帧移到00:00:00:15，修改其参数为"90"，这时自动生成两个"比例"关键帧。选中"iphone视频"素材，为其设置"比例"关键帧动画，将时间帧移到0帧，修改其参数为"0"；将时间帧移到00:00:00:15，修改其参数为"100"，这时自动生成两个"比例"关键帧，如图7-51所示。

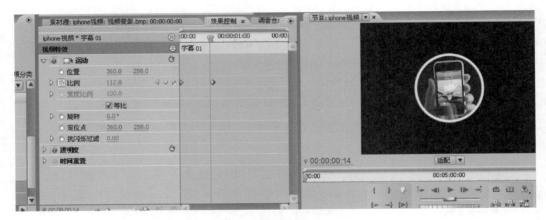

图7-51

（4）按此方法分别剪辑其他3个视频，新建3个序列分别命名为："倒霉熊""宝马"
"游戏动画"。倒霉熊保留视频时长为0帧到00:00:01:24，宝马视频保留时长为0帧到
00:00:01:17，游戏动画视频保留时长为0帧到00:00:01:23，如图7-52—图7-54所示。

倒霉熊视频：

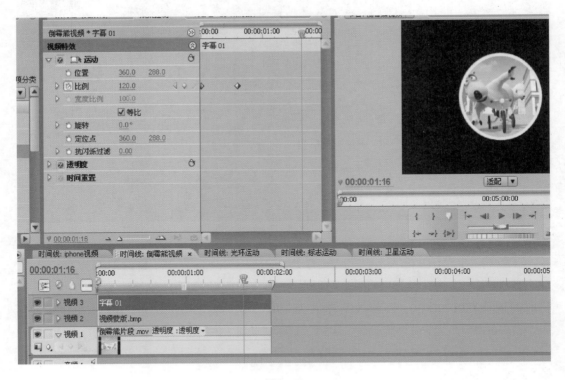

图7-52

宝马广告：

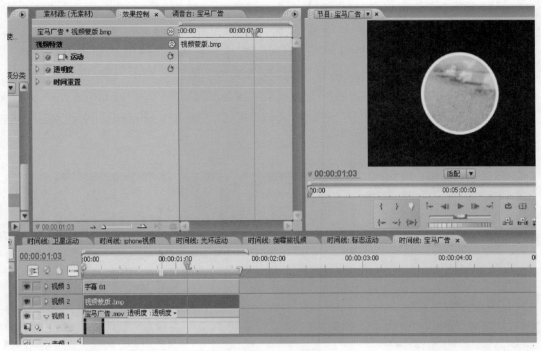

图7-53

游戏动画：

图7-54

6. 制作镜头运动效果

（1）导入"实作素材/7-2/素材/场景"文件夹中素材，新建序列并命名为"镜头运动"。新建一个彩色蒙板命名为"蓝色背景"，色彩为#81CEFF。将"蓝色背景"拖入到"视频1"轨道中，修改持续时间为9 s。将"远景"素材拖入到"视频2"轨道中，"中景"素材拖入到"视频3"轨道中，"近景"素材拖入到"视频4"轨道中，所有素材的持续时间改为9秒。将场景动画中的"铁塔"拖入到"视频5"轨道中的"00:00:05:03"处，持续时间为3:22 s。最后将"前景"素材拖入到"视频6"轨道中，持续时间9 s，如图7-55所示。

图7-55

（2）首先将"前景"的比例改为"104"，下面参照表7-1的参数调节"前景"的运动关键帧。

表7-1

前景 时间	00:00: 00:00	00:00: 01:00	00:00: 02:23	00:00: 03:14	00:00: 04:16	00:00: 05:13	00:00: 06:23	00:00: 07:08	00:00: 07:16	00:00: 07:18
位置X Y	392.5 574	392.5 -17	392.5 -17	349.7 -17	349.7 -17	-703 -17	-703 -17			-703 279
透明度								100	0	

（3）参照表7-2的参数来调节"中景"的运动关键帧。

表7-2

中景时间	00:00:00:00	00:00:01:00	00:00:02:23	00:00:03:14	00:00:04:16	00:00:05:13	00:00:06:22	00:00:07:17
位置	1816.6 742	1816.6 521	1816.6 521	912 521	912 521	-375 521	-375 521	-375 731

（4）选中"远景素"材将比例改为"123"，参照表7-3的参数来调节"远景"的运动关键帧。

表7-3

远景时间	00:00:00:00	00:00:01:00	00:00:02:23	00:00:03:14	00:00:04:16	00:00:05:13	00:00:06:22	00:00:07:17
位置	2,051 666.4	2,051 192	2,051 192	1,381 192	1,381 192	681.7 192	681.7 192	681.7 508

（5）选中"近景"素材将比例改为"96"，参照表7-4的参数来调节"近景"的运动关键帧。

表7-4

近景时间	00:00:00:00	00:00:01:00	00:00:02:23	00:00:03:14	00:00:04:16	00:00:05:13	00:00:06:22	00:00:07:17
位置	1,425 709	1,425 452.1	1,425 452.1	389 452.1	389 452.1	-610 452.1	-610 452.1	-610 745.2

（6）选中铁塔素材将比例改为"67.8"，最后参照表7-5参数来调节铁塔的运动关键帧。

表7-5

铁塔时间	00:00:05:03	00:00:05:13	00:00:06:23	00:00:07:06	00:00:07:11	00:00:07:20
位置	839 374	285 374	285 374			269 868
透明度				100	0	

（7）最终效果如图7-56—图7-59所示：

图7-56

图7-57

图7-58

图7-59

7. 视频总合

（1）新建序列并命名为"视频总合"，将"镜头运动"序列拖入到视频1轨道中。将"iphone视频"序列拖入到入点在00:00:01:00的视频2轨道中，将"iphone视频"的"位置"参数改为（207，387）。单击设置"透明度"关键帧按钮，将时间帧移到00:00:02:20，修改其参数为"100"；将时间帧移到00:00:02:23，修改其参数为"0"，此时自动生成两个"透明度"关键帧，如图7-60所示。

（2）将"倒霉熊"拖动到序列"视频总和"的视频2轨道中，入点设置为00:00:03:19。选中"倒霉熊"素材，单击设置"位置"关键帧按钮，将时间帧移到00:00:04:16。修改其参数为（179，164）；将时间帧移到00:00:05:06，修改其参数为（-315，164），此时自动生成两个"位置"关键帧。

同样的方法，将"宝马"广告视频拖动到"视频总和"序列的视频3轨道中，入点设置为00:00:03:19。"比例"改为108。单击设置"位置"关键帧按钮，将时间帧移到00:00:04:16，修改其参数为（332，398）。将时间帧移到00:00:05:06，修改其参数为（-320，398），此时自动生成两个"位置"关键帧。

同样的方法，将序列"卫星运动"拖动到序列"视频总和"的视频4轨道中，选中"卫星运动"，单击设置"位置"关键帧按钮，将时间帧移到00:00:03:13，修改其参数为（701，115）；将时间帧移到00:00:04:15，修改其参数为（457，115）；将时间帧移一帧，

图7-60

修改其参数为（457, 115）；将时间帧移到00:00:05:06，修改其参数为（-227, 115），此时
自动生成4个"位置"关键帧，如图7-61所示。

图7-61

（3）将"标志运动"拖入"视频合成"视频5轨道中，入点设置为00:00:05:05。选中"标志运动"，单击设置"位置"关键帧按钮，将时间帧移到00:00:05:05，修改其参数为（740，154）；将时间帧移到00:00:05:13，修改其参数为（288，154）；将时间帧移到00:00:07:04，修改其参数为（290.6，154）；将时间帧移到00:00:07:18，修改其参数为（367，154）。此时自动生成4个"位置"关键帧，如图7-62所示。

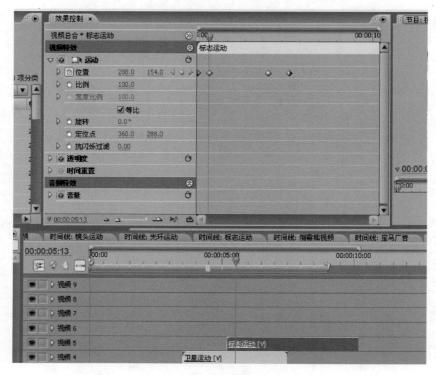

图7-62

（4）将"游戏动画"拖入"视频合成"视频6轨道中，入点设置为00:00:05:15。选中"游戏动画"，单击设置"位置"关键帧按钮，将时间帧移到00:00:06:22，修改其参数为（538，415）；将时间帧移到00:00:07:12，修改其参数为（538，765）。此时自动生成两个"位置"关键帧，如图7-63所示。

（5）导入"实作素材/7-2/素材"文件夹中的"圆点"素材，将"圆点"素材拖入到序列"视频合成"的视频7轨道中，入点设置为00:00:06:00，持续时间修改为00:00:03:01。将项目面板中的"圆点"素材拖入到视频8轨道中，入点设置为00:00:06:05，持续时间修改为00:00:02:20。再一次将"圆点"素材拖入到视频9轨道中，入点设置为00:00:06:08，持续时间修改为00:00:02:17。选中视频6、视频7、视频8轨道中的"圆点"素材，"比例"全部改为"23"，如图7-64所示。

图7-63

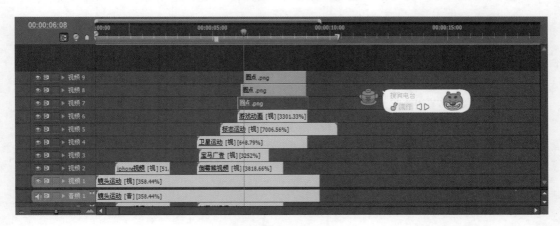

图7-64

（6）设置"圆点"素材的位置和透明度的关键帧。参照表格制作：

表7-6　视频7 轨道"圆点"素材参数

时间 （7轨道）	00:00:06:00	00:00:06:07	00:00:06:19	00:00:07:16	00:00:08:07
位置			366.4 407.5	182.5 128.6	305 118.6
透明度	0	100			

表7-7　视频8 轨道"圆点"素材参数

时间 （8轨道）	00:00:06:05	00:00:06:11	00:00:06:19	00:00:07:15	00:00:08:06
位置			384.2 329.1	197 220.2	351.2 230.1
透明度	0	100			

表7-8　视频9 轨道"圆点"素材参数

时间 （9轨道）	00:00:06:08	00:00:06:14	00:00:06:19	00:00:07:05	00:00:07:15	00:00:08:06
位置			430.3 262.9	494.4 92.3	493.7 93.1	366.7 116.9
透明度	0	100				

8. 总合层

（1）新建序列并命名为"总合层"，将序列"视频总合"拖入到序列"总合层"视频1轨道中，在00:00:09:00处用"剃刀"工具将其一分为二，删除后面部分。

（2）新建字幕并命名为"第七传媒"，选中文字工具在编辑区空白处点一下鼠标左键输入"第七传媒"文字，字号大小为100，并选择字幕样式中的方正金字大黑，字幕上下左右居中对齐。

（3）将字幕"第七传媒"拖入到视频2轨道中，放置在00:00:08:05处，持续时间为00:00:00:19。选中字幕"第七传媒"，单击设置"位置"关键帧按钮，将时间帧移到00:00:08:05，修改其参数为（889,404）；将时间帧移到00:00:08:22，修改其参数为（349,404）。

（4）预览欣赏最终效果，具体操作步骤详见光盘操作视频。